"创新设计思维"
数字媒体与艺术设计类新形态丛书

全

U0688944

After Effects+AIGC
视觉特效与合成
——影视 + UI 动效 + MG 动画

狄仕林 编著

人民邮电出版社
北京

图书在版编目（CIP）数据

After Effects+AIGC 视觉特效与合成：影视+UI 动效+
MG 动画：全彩微课版 / 狄仕林编著. -- 北京：人民邮
电出版社，2025. --（"创新设计思维"数字媒体与艺术
设计类新形态丛书）. -- ISBN 978-7-115-54613-5

Ⅰ. TP391.413

中国国家版本馆 CIP 数据核字第 2025QP2826 号

内 容 提 要

　　本书是一本全面介绍影视特效制作的实用指南，内容涵盖视觉特效制作与合成的理论知识，融入
AIGC 工具应用，并结合大量案例详细介绍特效制作与合成的方法技巧。

　　全书共 12 章，主要内容包括初识视觉特效、After Effects 入门、创建关键帧动画、抠像与合成特效、
蒙版与轨道遮罩、3D 摄像机和灯光、跟踪和移除效果、常用的视频特效、UI 动效和 MG 动画、渲染与
输出、综合案例、AIGC 在影视后期中的应用等。

　　本书内容丰富、实用性强，适合作为本科院校、高职院校视觉传达设计、数字媒体艺术等专业后期
特效制作和 After Effects 课程的教材，也可作为设计行业从业人员学习 After Effects 特效制作与合成的
参考书。

◆ 编　著　狄仕林
　　责任编辑　许金霞
　　责任印制　胡　南

◆ 人民邮电出版社出版发行　　北京市丰台区成寿寺路 11 号
　　邮编　100164　　电子邮件　315@ptpress.com.cn
　　网址　https://www.ptpress.com.cn
　　雅迪云印（天津）科技有限公司印刷

◆ 开本：787×1092　1/16
　　印张：15　　　　　　　　　　　2025 年 6 月第 1 版
　　字数：386 千字　　　　　　　　2025 年 6 月天津第 1 次印刷

定价：79.80 元

读者服务热线：(010)81055256　印装质量热线：(010)81055316
反盗版热线：(010)81055315

前　言

在这个"视觉为王"的时代，影视特效已成为讲述故事、传递信息、创造视觉冲击不可或缺的艺术手段。随着技术的发展，特效合成不再局限于大银幕，它已经渗透到人们日常生活的方方面面，从电影、电视到网络视频，再到社交媒体上的短视频，特效已经融入人们的生活，无处不在。

本书以实战案例为驱动，融入AIGC工具应用，系统地介绍了使用After Effects进行影视特效、UI动效与MG动画特效的制作方法和技巧，旨在帮助读者提升视频后期制作的专业能力，为渴望探索影视特效奥秘、提升视频制作技能的读者提供一份全面的指南。无论是初学者还是有一定基础的专业人士，都能在本书中找到适合自己的学习路径和灵感来源。

本书特色

本书精心设计了"知识讲解+小提示+知识拓展+案例+课堂练习+本章小结+课后习题"等环节，符合读者吸收知识的过程。综合案例和AIGC在影视后期中的应用案例，能够激发读者学习兴趣，并引导其举一反三进行创作。

知识讲解：讲解重点常用的知识点和软件工具功能、操作技巧等。

小提示：讲解重点操作的相关细节和注意事项。

知识拓展：针对每节的核心知识点，进行相关知识的拓展性介绍。

案例：结合每节知识点内容设计具有针对性的案例，帮助读者理解、掌握所学知识。

课堂练习：结合每章内容设计随堂练习题，帮助读者强化、巩固所学知识。

本章小结：总结每章的知识点，帮助读者回顾所学内容。

课后习题：结合本章内容给出与课堂练习同等难度的练习题，培养读者举一反三的能力。

综合案例：结合全书内容设计案例，提升读者的实操技能，引导读者完成完整的案例创作。

AIGC应用案例：通过解析AIGC工具在视频内容生成、音频处理、视觉特效生成中的应用案例，强化读者的设计能力，提高读者的设计效率。

本书提供了丰富的资源，读者可登录人邮教育社区（www.ryjiaoyu.com），在本书页面中免费下载。

- 微课视频：本书所有案例配套微课视频，扫描书中二维码即可观看。

 3.5 **定格关键帧**

微课视频

　　添加完关键帧后，在【时间轴】面板中单击选中需要编辑的关键帧，并将光标定位在该关键帧上。单击鼠标右键，在弹出的菜单栏中执行【切换定格关键帧】命令，如图3-37所示，即可将该关键帧切换为定格关键帧。

　　案例3-1：星星闪烁

　　步骤01： 在【项目】面板中导入本案例的素材，并将其拖曳至【时间轴】面板，此时，【合成】画面如图3-38所示。

　　步骤02： 在【工具栏】中选中矩形工具 ▇，并长按鼠标左键，在弹出的子菜单中单击【星形工具】，如图3-39所示。更改【填充】属性为"黄色"，【描边】选择"无"。接着，在【合成】窗口按住鼠标左键拖曳，就可以绘制一个五角星的形状。

- 素材和效果文件：本书提供了所有案例需要的素材和效果文件，素材和效果文件均以案例名称命名。

素材文件　　　　　　　效果文件

- 教学辅助文件：本书提供PPT课件、教学大纲、教案、拓展案例库、拓展素材资源等。

PPT课件　　　教学大纲　　　教案　　　拓展案例库　　　拓展素材资源

编者

2025年4月

目 录

第 1 章
初识视觉特效

1.1 特效合成 1

1.1.1 什么是特效 1

1.1.2 特效的分类 1

1.1.3 特效合成常见的应用场景........... 3

1.2 剪辑与特效 4

1.2.1 剪辑与特效的关系 4

1.2.2 学会特效合成可以做什么........... 5

1.3 与特效制作相关的理论知识........... 6

1.3.1 常见的电视制式 6

1.3.2 帧的概念 6

1.3.3 像素的概念 7

1.3.4 分辨率的概念 7

1.3.5 像素长宽比 8

1.3.6 常见的视频格式.................... 8

1.4 特效制作的一般流程 9

1.4.1 前期策划沟通 9

1.4.2 素材采集和整理..................... 9

1.4.3 特效制作 10

1.4.4 样片合成 10

1.4.5 渲染输出 10

1.5 特效制作的高效学习方法 10

1.5.1 学习"重点面板"的"高频"
　　　 效果 10

1.5.2 知易行难，实战案例

亲自动手练习 11

1.5.3 别记参数，要举一反三 11

1.5.4 先模仿，再创新..................... 11

1.6 本章小结 11

第 2 章
After Effects 入门

2.1 认识 After Effects........................ 12

2.1.1 After Effects 软件简介.............. 12

2.1.2 After Effects 的两大主要功能 ... 12

2.1.3 After Effects 对计算机硬件的
　　　 要求 13

2.2 After Effects 和其他软件的协作... 13

2.2.1 After Effects 和 Photoshop 13

2.2.2 After Effects 和 Premiere 14

2.2.3 After Effects 和 3ds Max、
　　　 Maya、Cinema 4D 等 14

2.3 After Effects 的工作界面 14

2.3.1 After Effects 不同的工作界面..... 14

2.3.2 关闭或删除面板.................... 15

2.3.3 移动、停靠浮动面板.............. 16

2.3.4 最大化某个工作面板 18

2.4 如何自定义工作区 18

2.4.1 重置工作区 18

2.4.2 另存新的工作区..................... 18

2.5 After Effects 的首选项介绍 19
　2.5.1 媒体和磁盘缓存 20
　2.5.2 自动保存功能 20
　2.5.3 内存的设置 20
　2.5.4 脚本和表达式 21
2.6 重点工作面板的高频功能介绍 21
　2.6.1 【项目】面板 21
　2.6.2 【工具栏】面板 22
　2.6.3 【效果和预设】面板 23
　2.6.4 【效果控件】面板 23
　2.6.5 【图层】面板 23
　2.6.6 【时间轴】面板 24
　2.6.7 【合成】面板 24
　2.6.8 【字符】和【段落】面板 25
　2.6.9 【跟踪器】面板 25
　2.6.10 【内容识别填充】面板 26
2.7 新建项目工程文件 26
2.8 新建合成 27
　2.8.1 什么是合成 27
　2.8.2 合成设置 27
2.9 素材的导入 28
　2.9.1 导入素材的四种方法 28
　2.9.2 After Effects 中支持导入的文件
　　　　格式 29
2.10 【课堂练习】初级合成特效 30
2.11 本章小结 34

3.2 关键帧插值 39
　3.2.1 临时插值 40
　3.2.2 空间插值 40
3.3 四种常见的关键帧类型 40
　3.3.1 线性关键帧 40
　3.3.2 缓动关键帧 40
　3.3.3 缓入关键帧 41
　3.3.4 缓出关键帧 41
3.4 调整关键帧速率曲线 41
　3.4.1 编辑速度图表 41
　3.4.2 先快后慢动画 42
　3.4.3 先慢后快动画 42
　3.4.4 自定义速度动画 43
3.5 定格关键帧 43
3.6 漂浮穿梭时间 45
3.7 【课堂练习】制作钟表摆动的循环
　　动画 46
3.8 本章小结 49
3.9 【课后习题】制作足球场弹跳
　　小动画 49

第 3 章
创建关键帧动画

3.1 初识关键帧 35
　3.1.1 什么是关键帧 35
　3.1.2 添加关键帧的多种方法 35
　3.1.3 移动、删除、复制关键帧 37

第 4 章
抠像与合成特效

4.1 初识抠像与合成 50
　4.1.1 什么是抠像 50
　4.1.2 抠像的应用场景 50
4.2 抠像素材的分类 51
　4.2.1 绿幕背景 51
　4.2.2 拍摄的注意事项 52
4.3 抠除白色背景 52
　4.3.1 使用"提取"效果 52
　4.3.2 使用"颜色范围"效果 53

4.3.3 使用"线性颜色键"效果..........54

4.3.4 改变"混合模式"..................54

4.4 抠除黑色背景..........55

4.5 抠除绿幕背景..........55

4.5.1 使用"颜色范围"抠像..........55

4.5.2 Keylight（1.2）插件详解..56

4.5.3 Key Cleaner（抠像清除）.......58

4.5.4 Advanced Spill Suppressor

（高级溢出抑制器）..........58

4.6 抠除动态视频背景..........59

4.6.1 【Roto 笔刷工具】详解..........59

4.6.2 如何增加选区..........60

4.6.3 如何删除选区..........60

4.6.4 【调整边缘工具】详解..........60

4.6.5 分区解算法..........61

4.6.6 自制绿幕特效素材..........62

4.7 抠除威亚、钢丝、电线等..........64

4.8 【课堂练习】如何通过抠像合成

天空..........66

4.9 本章小结..........69

4.10 【课后习题】天使的翅膀

合成特效..........69

第 **5** 章

蒙版与轨道遮罩

5.1 初识蒙版..........70

5.2 绘制蒙版工具..........70

5.2.1 矩形工具..........70

5.2.2 圆角矩形工具..........71

5.2.3 椭圆工具..........72

5.2.4 多边形工具..........72

5.2.5 星形工具..........72

5.3 自定义绘制蒙版形状..........72

5.3.1 钢笔工具..........73

5.3.2 添加"顶点"工具..........73

5.3.3 删除"顶点"工具..........74

5.3.4 转换"顶点"工具..........74

5.3.5 蒙版羽化工具..........74

5.4 与蒙版相关的属性..........75

5.5 多个蒙版的混合..........77

5.6 轨道遮罩..........77

5.6.1 Alpha 遮罩..........78

5.6.2 亮度遮罩..........79

5.7 蒙版和遮罩的区别..........80

5.8 【课堂练习】制作大楼跳舞特效....81

5.9 本章小结..........85

5.10 【课后习题】制作多重曝光视频

特效..........85

第 **6** 章

3D 摄像机和灯光

6.1 初识3D..........86

6.1.1 什么是3D..........86

6.1.2 After Effects 中的三维图层.......86

6.2 3D视图的切换..........87

6.2.1 正面、背面、底部、顶部、左侧、

右侧..........88

6.2.2 活动摄像机..........88

6.2.3 自定义视图..........88

6.3 3D视图的查看..........89

6.3.1 绕光标旋转工具..........89

6.3.2 在光标下移动工具..........89

6.3.3 向光标方向推拉镜头工具..........89

6.4 摄像机参数详解..........90

6.4.1 预设（15~200 毫米）..........91

6.4.2 缩放..........91

6.4.3　景深 91

6.4.4　焦距 92

6.4.5　光圈 92

6.5　摄像机运动的调整方法 93

6.5.1　初级方法：直接调整参数制作

动画 93

6.5.2　高阶方法：使用空对象控制摄

像机 94

6.6　初识灯光 96

6.6.1　新建灯光 96

6.6.2　灯光参数详解 97

6.6.3　灯光的类型 98

6.6.4　灯光与投影 98

6.7　【课堂练习】卡通城市街道合成 –

MG 动画 99

6.8　本章小结 103

6.9　【课后习题】将文字合成在真实的

场景中 103

第7章
跟踪和移除效果

7.1　初识跟踪 104

7.1.1　什么是跟踪 104

7.1.2　跟踪的应用场景 104

7.2　单点跟踪 105

7.2.1　跟踪参数详解 105

7.2.2　单点跟踪的应用 106

7.3　两点跟踪 109

7.3.1　跟踪参数详解 109

7.3.2　两点跟踪的应用 109

7.4　单点跟踪和两点跟踪的区别 112

7.5　四点跟踪 112

7.5.1　透视边角定位详解 112

7.5.2　四点跟踪的应用 112

7.6　跟踪摄像机 115

7.6.1　反求摄像机运动轨迹 115

7.6.2　跟踪摄像机的应用 116

7.7　跟踪摄像机和跟踪运动的区别 118

7.8　跟踪移除效果 118

7.8.1　内容识别填充的原理 118

7.8.2　内容识别填充的应用 118

7.9　【课堂练习】文字注释跟踪包装

案例 120

7.10　本章小结 126

7.11　【课后习题】人像美容修复

案例 126

第8章
常用的视频特效

8.1　初识视频特效 127

8.1.1　什么是视频效果 127

8.1.2　效果的分类 127

8.1.3　如何添加视频效果 128

8.1.4　如何保存效果预设 129

8.2　【风格化】类目 129

8.2.1　阈值 130

8.2.2　画笔描边 130

8.2.3　彩色浮雕和浮雕 130

8.2.4　马赛克 131

8.2.5　色调分离 131

8.2.6　动态拼贴 131

8.2.7　发光 132

8.2.8　查找边缘 132

8.2.9　毛边 132

8.2.10　CC Burn Film（CC胶片烧灼）... 133

8.2.11　CC Glass（CC 玻璃）........ 133

8.2.12　CC Vignette（CC 电影
暗角）................................ 133

8.3　【过渡】类目 134

8.3.1　渐变擦除 134

8.3.2　卡片擦除 134

8.3.3　光圈擦除 135

8.3.4　径向擦除 135

8.3.5　百叶窗 135

8.3.6　CC Scale Wipe（缩放
擦除）................................ 135

8.4　【模糊和锐化】类目 136

8.4.1　CC Cross Blur（交叉模糊）..... 136

8.4.2　CC Radial Blur（放射模糊）.... 136

8.4.3　CC Radial Fast Blur（快速放射
模糊）................................ 137

8.4.4　定向模糊 137

8.4.5　钝化蒙版 / 锐化 137

8.4.6　快速方框模糊 / 高斯模糊 138

8.4.7　摄像机镜头模糊 138

8.5　【扭曲】类目 138

8.5.1　球面化 / 放大 / 凸出 139

8.5.2　湍流置换 139

8.5.3　置换图 139

8.5.4　网格变形 140

8.5.5　旋转扭曲 140

8.5.6　波形变形 140

8.5.7　边角定位 141

8.5.8　CC Bend It（CC 弯曲）.......... 141

8.5.9　CC Page Turn（CC 翻页）..... 142

8.6　【模拟】类目 142

8.6.1　焦散 142

8.6.2　泡沫 143

8.6.3　波形环境 143

8.6.4　碎片 143

8.6.5　CC Bubbles（CC 气泡）....... 144

8.6.6　CC Drizzle（CC蒙蒙细雨）..... 144

8.6.7　CC Mr.Mercury（CC水银）.... 144

8.6.8　CC Particle Systems II（CC
粒子系统）........................ 145

8.6.9　CC Particle World（CC三维
粒子运动）........................ 145

8.6.10　CC Rainfall（CC降雨）...... 145

8.6.11　CC Snowfall（CC降雪）..... 146

8.7　【生成】类目 146

8.7.1　圆形 / 椭圆 146

8.7.2　镜头光晕 147

8.7.3　光束 147

8.7.4　填充 147

8.7.5　网格 148

8.7.6　四色渐变 148

8.7.7　无线电波 148

8.7.8　梯度渐变 149

8.7.9　棋盘 149

8.7.10　油漆桶 149

8.7.11　音频频谱 / 音频波形 150

8.7.12　高级闪电 150

8.8　【透视】类目 150

8.8.1　径向阴影 / 投影 150

8.8.2　斜面 Alpha/ 边缘斜面............ 151

8.8.3　CC Cylinder（CC 圆柱体）... 151

8.8.4　CC Sphere（CC 圆球体）.... 151

8.9　【杂色和颗粒】类目................. 152

8.9.1　分形杂色 152

8.9.2　中间值 152

8.9.3　移除颗粒与添加颗粒............ 153

8.9.4　蒙尘与划痕 153

8.10　【课堂练习】制作霓虹灯广告牌
特效 153

8.11　本章小结 158

8.12　【课后习题】流动光晕勾勒文字
标题效果 158

第9章

UI 动效和 MG 动画

9.1　初识 UI 动效和 MG 动画............159
9.1.1　什么是 UI 动效 159
9.1.2　什么是 MG 动画 159
9.2　【课堂练习】App 图标小动画 ... 160
9.2.1　形状图层详解 160
9.2.2　为形状图层添加效果 161
9.2.3　【组（空）】属性详解 162
9.2.4　【合并路径】属性详解 162
9.2.5　案例实操 163
9.3　【课堂练习】烟花爆炸–MG 动画... 167
9.3.1　【中继器】效果详解.............167
9.3.2　【修剪路径】属性详解 168
9.3.3　案例实操 168
9.4　【课堂练习】科技感 HUD 动画.....171
9.5　人偶工具详解 176
9.5.1　人偶位置控点工具 176
9.5.2　人偶固化控点工具 177
9.5.3　人偶弯曲控点工具 177
9.6　【课堂练习】简单的 MG 动画
　　　制作案例.............................178
9.7　本章小结 182
9.8　【课后习题】微信聊天界面 UI 动效
　　　制作 182

第10章

渲染与输出

10.1　渲染队列 183
10.1.1　设置工作区域开始和结束.......183
10.1.2　添加到渲染队列 183
10.1.3　渲染设置...........................184
10.1.4　输出模块设置 185
10.2　输出静帧图片.........................185
10.3　输出带有 Alpha 透明通道的
　　　视频 186
10.4　创建输出模板预设 188
10.5　使用 Adobe Media Encoder
　　　渲染和导出 189
10.5.1　Adobe Media Encoder
　　　　介绍 189
10.5.2　Adobe Media Encoder
　　　　实操 190
10.6　使用 AfterCodecs 特殊编码输出
　　　插件导出 190
10.6.1　AfterCodecs 介绍 190
10.6.2　AfterCodecs 实操 191
10.7　打包整理项目.........................192

第11章

综合案例

11.1　特效综合案例：城市赛博朋克
　　　特效.....................................194
11.1.1　使用跟踪器反求摄像机运动
　　　　轨迹 194
11.1.2　创建实底和摄像机并替换素材 ... 195
11.1.3　使用填充、发光效果增强质感 ... 196
11.1.4　分析画面添加更多科技元素 ... 196
11.1.5　使用【钢笔工具】绘制蒙版替换
　　　　天空...............................197
11.1.6　画面整体色调风格的调整.......197
11.2　UI 动效综合案例：UI 界面融球
　　　动画 198
11.2.1　【简单阻塞工具】的详细介绍 ... 198
11.2.2　【简单阻塞工具】的原理.......198

11.2.3　绘制 UI 界面 199
11.2.4　制作弹出动画....................200
11.2.5　添加【高斯模糊】和【简单阻塞
　　　　工具】............................201
11.3　商业包装综合案例：电商产品卖点
　　　包装 203
11.3.1　将产品与场景匹配融合 203
11.3.2　制作风的形状 204
11.3.3　调整风的形态 205
11.3.4　调整颜色 205
11.3.5　制作树叶翻滚动画 206
11.3.6　制作气泡动画 207
11.3.7　添加产品包装的文本
　　　　注释信息 208
11.4　【课后习题】城市商业规划区
　　　包装 209

12.4.4　案例实操 216
12.4.5　视频生成类 217
12.4.6　案例实操 218
12.4.7　音频生成类 219
12.4.8　案例实操 220
12.4.9　设计类 223
12.4.10　案例实操 224

附录　After Effects 常用表达式
　　　合集 226

第12章　AIGC 在影视后期中的应用

12.1　视频内容生成与编辑.................210
12.1.1　场景生成与扩展 210
12.1.2　视频片段生成 211
12.2　音频处理与生成.....................211
12.2.1　音效生成........................211
12.2.2　配乐创作 212
12.3　视觉特效生成.......................212
12.3.1　光效生成与增强 212
12.3.2　烟雾粒子效果生成 212
12.4　国产 AIGC 软件.....................213
12.4.1　文本生成类（剧本、分镜头
　　　　脚本创作）......................213
12.4.2　案例实操........................214
12.4.3　图像生成类......................216

第 **1** 章 | 初识视觉特效

1.1 特效合成

1.1.1 什么是特效

在正式学习影视特效之前，我们要知道什么是特效。

特效指的是特殊的视频效果。这些效果由于具有特殊性，并非随处可见，它通常指通过计算机软件制作出的、在现实中一般不会出现的效果。比如，对天空抠像合成、对人物进行磨皮瘦身、将白天拍摄的视频转换成夜晚效果、将数据可视化、产品包装等。当然，它不仅仅包括上述内容，特效可以将天马行空的创意变成现实，如图1-1所示。

图1-1 特效展示

1.1.2 特效的分类

特效一般分为传统特效、CG特效和声音特效。

1. 传统特效

传统特效可细分为化妆、搭景、借位、烟雾、火焰特效等。在计算机出现之前，所有特效都依赖传统特效完成。比如，我们熟知的默片电影《安全至下》中的"跳楼"特效，如图1-2所示。

图1-2 电影《安全至下》截图

1

在摩天大厦上的男主手中抓着的钟表表盘突然裂开，眼看他就要从高达十几米的楼上坠落，处境让人特别揪心，但其实这只是借位拍摄营造的特效，如图1-3所示。

图1-3　借位拍摄营造的特效

2. CG特效

CG为Computer Graphics（计算机图形学）的英文缩写，CG特效是用计算机制造出来的假象和幻觉。当传统特效手段无法满足影片要求的时候，就需要CG特效来实现。

CG特效制作大体分成两大类：三维特效和合成特效。其中，三维特效由三维特效师完成，主要负责动力学动画的制作，涵盖建模、材质、灯光、动画和渲染。合成特效由合成师完成，主要负责各种效果的合成工作，分为抠像、威亚、调色、合成和汇景，如图1-4所示。

图1-4

3. 声音特效

声音特效即所谓的音效，通常由拟音师、录音师、混音师协作完成。

拟音师主要负责模拟出画面中的声音。比如，宝剑出鞘"嗖"的一声，被打骨折"咔嚓"一声，或者机器人、怪兽的声音等。录音师则负责将拟音师制作出来的声音进行收录。最后通过混音师的编辑加工，形成我们在影视作品中听到的各种音效，如图1-5所示。

图1-5

试试自己动手去DIY不同的音效。

1. "骨折"音效

道具：毛巾、核桃、芹菜。

普通版：用力甩毛巾，可模拟出拳头打在身上的声音；使劲拉扯一块干毛巾，可以摸拟出踢腿的声音；捏碎两颗核桃，或者用力拧断一把芹菜，可以模拟出骨折的声音。

进阶版：其实很多声音都是复合而成的，即通过多种声音叠加来模拟出真实或超现实的听觉体验。比如，拧断芹菜虽然可以模拟出骨折的声音，但真实的骨折的声音更为复杂，它可以细致地分解为骨骼的断裂、肌肉的撕裂以及筋腱的伸展三种不同的声音层次，因此进阶版"骨折"音效可能需要几位专业拟音师的默契配合或者计算机合成，通过精确的分层和混音，才能达到效果。

2. "千军万马"音效

道具：马桶盖、椰壳、键盘。

普通版：使用马桶盖、计算机键盘或者椰壳（按照不同节奏）可以模拟出马蹄声。

进阶版：模拟不同的马蹄声，需要不同的节奏和器具。一匹马是上坡还是下坡，是骏马良驹还是老马，其马蹄声是不一样的，需要专业的拟音师精心挑选不同材质，通过调整节奏和力度，细腻地刻画出每一种马蹄声才能模拟出来。

3. "熊熊大火"音效

道具：布、羽毛、吸油纸。

普通版：几块布抖一抖，可以模拟出大火袭来的呼啸声；揉搓玻璃纸、吸油纸或者羽毛，可以模拟出东西烧焦时发出的噼噼啪啪的响声。

进阶版：需要用一种专门制作的绸布，按照不同的频率进行抖动才能模拟出来。要注意模拟不同火势的声音时，抖动绸布的频率不同：大火时频率大一些，小火时频率小一些。

4. "万箭齐发"音效

道具：竹篾。

普通版：用力挥舞一下细竹篾可以模拟一根箭离弦的声音。而万箭齐发的"嗖嗖嗖"的声音则需要把橡胶跳绳折成两至三股，且用力挥舞才能逼真地模拟出那密集如雨的箭矢破空之声。

进阶版：万箭齐发的声音中会夹杂着风的声音以及一些气息的声音，这就需要用专业材质制作的竹篾来实现。

1.1.3 特效合成常见的应用场景

特效合成的应用场景非常多，如电视台的栏目包装、电影特效合成、UI动效设计、MG动画制作等领域。

1. 电视台的栏目包装

面对互联网短视频竞争，栏目频道要想赢得市场，就要建立品牌形象。使用After Effects通过Logo标志、颜色、声音等手段，制作出具有视觉冲击力的片头或字幕，既能彰显频道的特点和风格，也能给观众带来良好的视觉体验。好的电视栏目还应注意突出地域、民族、人文特色，以达到使观众过耳不忘、印象深刻的效果。

2. 电影特效合成

在CG时代，影视作品中的特效大多数是由After Effects等专业特效软件制作出特效素材后，与其他影片素材进行整合形成的，如图1-6所示。因此，在影视后期制作时，通常先制作特效素材，如自然灾害、宇宙空间，以及一些超越人体极限的动作等，再完成特效素材与其他素材或场景的融合。

图1-6

3. UI动效设计

动效设计即动态效果的设计，主要是指UI（用户界面）动效设计。UI动效设计可以通过模拟真实操作手机的动态效果演示产品，如图1-7所示。

4. MG动画制作

MG动画全称Motion Graphics，即动态图形或者图形动画。MG动画将文字、图形等信息动画化，从而达到更好传递信息的目的。MG动画的主要应用领域集中于节目频道包装、电影电视片头、商业广告、MV、现场舞台屏幕、互动装置等，如图1-8所示。

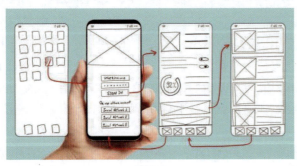

图1-7

图1-8

1.2 剪辑与特效

微课视频

1.2.1 剪辑与特效的关系

剪辑：将影片制作中所拍摄的大量素材，进行选择、取舍、分解与组接，从而完成一个连贯流畅、含义明确、主题鲜明并有艺术感染力的作品。

特效：指通过计算机软件制作出来的虚拟场景、角色、特定效果等，可以避免让演员处于危险的境地、减少电影的制作成本，或者让电影更扣人心弦。

剪辑与特效是相辅相成的。一般先剪辑初稿，同时思考："在什么地方用什么样的特效能达到想要的效果？"再制作特效素材，最后将特效部分加在剪辑完成的视频中，从而形成一条完整的短片，如图1-9所示。

图1-9

1.2.2 学会特效合成可以做什么

1. 影视后期特效师

影视后期特效师是指在影视作品制作过程中通过一系列软件"制造出"一些不能出现的人，拥有深厚艺术功底和精湛技术能力的专业人士，负责将影片中的想象世界转化为观众眼前的视觉盛宴。例如，生龙活虎的恐龙在丛林里咆哮，人们乘着飞船来到遥远的银河系并陷入了和外星人的战争，怪兽从海里出生，把城市夷为平地等。这些电影中的魔法都得益于影视后期特效师的辛勤工作。

2. 游戏特效师

游戏特效师专注于为游戏世界注入活力与魅力，通过一系列精心设计的视觉效果，增强游戏的沉浸感和玩家的互动体验。游戏特效师负责设计游戏中的各种视觉特效，如游戏中人物的刀光、对打产生的火花、爆炸的烟雾、燃烧的火苗、水流的质感等都属于特效范畴。游戏特效师是国内比较紧缺的，其薪酬潜力也是比较大的。

3. 广告特效设计师

在广告制作公司或创意团队中，广告特效设计师负责为广告项目创作特效效果，包括动态图形、角色动画、场景合成等，以吸引观众的注意力和提升广告的效果。

4. 三维特效师

三维特效师利用先进的三维图形软件和技术，创造出令人惊叹的视觉效果，为电影、电视节目、动画以及虚拟现实等领域增添无限魅力。影视中很多无法实际拍摄的物体都是由三维特效创造的，这些虚拟物体包括各种逼真的怪物、坍塌的摩天大楼、巨大的洪水、海啸等。三维特效可以说是特效中最难却最能解决影视拍摄相关问题的一项技术。三维特效师的工作流程一般包括建模、材质灯光、渲染、绑定动画等。

5. 培训师

培训师主要利用影视特效技术，为培训机构开发课程和应用案例，同时也可以到培训机构任教，为学员提供更生动和沉浸式的学习体验。

上述内容只是学习影视特效后的一些职业方向，随着技术的发展和行业的变化，学习影视特效后的就职前景会越来越广阔。

1.3 与特效制作相关的理论知识

1.3.1 常见的电视制式

世界上主要使用的电视广播制式有PAL、NTSC、SECAM三种。中国大部分地区使用PAL制式，日本、韩国、美国等国家使用NTSC制式，俄罗斯则使用SECAM制式。

1. PAL制式

PAL制式又称为帕尔制式。PAL是Phase Alternation Line（逐行倒相）的缩写。1967年，德国人Walter Bruch首先研制出这种制式。PAL制式有时被用来指625线、每秒25格、隔行扫描、PAL色彩编码的电视制式。目前，中国、德国、英国、意大利、荷兰、朝鲜等国家采用这种制式。在After Effects中新建合成时，选择PAL制式的类型如图1-10所示。

2. NTSC制式

NTSC是 National Television System Committee（美国电视制式委员会）的缩写。NTSC制式于1953年由美国研究成功，它定义帧速为每秒30或60扫描场，并且在电视上隔行扫描。目前，美国、日本、加拿大、韩国等国家采用这种制式。在After Effects中新建合成时，选择NTSC制式的类型如图1-11所示。

图1-10

图1-11

3. SECAM制式

SECAM（法语：Séquentiel couleur à mémoire）制式又称塞康制式，意为按顺序传送彩色与存储，于1966年由法国研制成功，它属于同时顺序制。在信号传输过程中，亮度信号每行传送，而两个色差信号则逐行依次传送，即用行错开传输时间的办法来避免同时传输时所产生的串色以及由其造成的彩色失真。目前，法国、俄罗斯、新加坡、蒙古国等国家采用这种制式。

1.3.2 帧的概念

帧是影像动画中最小的单位。

一帧就是一幅画面，相当于电影胶片上的一格画面，如图1-12所示。我们现在看到的视

After Effects+AIGC 视觉特效与合成
——影视+UI动效+MG动画（全彩微课版）

频，就是由一张张连续的图片组成的。一般动画标准是每秒24帧（24幅画面）。快速连续的多幅画面形成了运动的假象，因此高帧率可以得到更流畅、更逼真的动画。

图1-12

知识拓展

帧数与帧率的区别。

速率（Speed）=距离（Distance）/时间（Time），单位为米每秒（m/s, meters per second, mps）；同理，帧率（Frame rate）=帧数（Frame）/时间（Time），单位为帧每秒（f/s, frames per second, fps）。

也就是说，如果一个动画的帧率恒定为60帧每秒（fps），那么它在1秒内的帧数为60帧，2秒内的帧数为120帧。

知识拓展

视觉暂留原理。

视觉暂留现象又称"余晖效应"。人眼在观察景物时，光信号传入大脑神经，需经过一段短暂的时间，光的作用结束后，视觉形象并不立即消失，这种残留的视觉形象称为"后像"。视觉的这一现象则被称为"视觉暂留"。

视觉暂留现象首先被中国人运用，走马灯便是历史记载中最早的视觉暂留运用。宋时已有走马灯，当时称"马骑灯"。随后，法国人保罗·罗盖在1828年发明了留影盘。它是一个被绳子从两面穿过的圆盘。圆盘的一个面画了一只鸟，另一面画了一个空笼子。当圆盘旋转时，鸟就在笼子里出现了。这证明了当眼睛看到一系列图像时，会一次保留一个图像。

1.3.3 像素的概念

像素（Pixel）是构成数字图片的最小单位，由图像的小方格组成。这些小方格都有一个明确的位置和被分配的色彩数值，因此，小方格的色彩和位置就决定了该图像所呈现出来的样子，如图1-13所示。

我们可以将像素视为整个图像中不可分割的单位或者是元素。不可分割的意思是它不能够再切割成更小单位抑或元素，它是以一个单一颜色的小格存在的。每一个点阵图像包含了一定量的像素，这些像素决定了图像呈现在屏幕上的大小。

1.3.4 分辨率的概念

分辨率又称解析度、解像度，可以细分为显示分辨率、图像分辨率和屏幕分辨率等。分辨率决定了位图图像细节的精细程度。通常情况下，图像的分辨率越高，所包含的像素就越多，图像就越清晰，印刷的质量也就越好，如图1-14所示。同时，它也会增加文件占用的存储空间。

图1-13

图1-14

屏幕分辨率是指纵向、横向上的像素点数，单位是px。屏幕分辨率用来确定计算机屏幕上显示多少信息，以水平和垂直像素来衡量。就相同大小的屏幕而言，当屏幕分辨率低时（如 640×480），在屏幕上显示的像素少，单个像素尺寸相对较大。当屏幕分辨率高时（如1600×1200），在屏幕上显示的像素多，单个像素尺寸相对较小。

知识拓展

16：9模式下常见的屏幕分辨率，如下所示。
7680×4320（8K）
3840×2160（4K）
2560×1440（2K）
1920×1080（1080P）
1280×720（720P）

1.3.5 像素长宽比

像素长宽比是指在放大作品到极限时看到的每一个像素的长与宽的比例。由于在电视等设备上播放作品时，其设备本身的像素长宽比不是1∶1，因此，就需要修改【像素长宽比】数值，如图1-15所示。因此，选择哪种像素长宽比类型取决于我们要将该作品在哪种设备上播放。

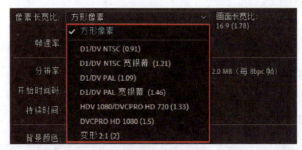

图1-15

1.3.6 常见的视频格式

视频格式其实就是视频编码方式。视频可以分为适合本地播放的本地影像视频和适合在

After Effects+AIGC 视觉特效与合成
——影视+UI动效+MG动画（全彩微课版）

网络中播放的影像视频两大类，常见的视频格式分为7类，如图1-16所示。

图1-16

（1）AVI视频格式，文件名以.avi结尾。AVI是英文Audio Video Interleave的缩写，该格式由微软公司开发。所有Windows系统都能运行这种格式。

（2）Flash视频格式，文件名以.swf或.flv结尾。该格式是由Macromedia公司开发的。只要计算机上安装了相应的Flash组件，就能正常播放该格式的视频。IE、火狐浏览器等都预装了播放Flash的视频组件。

（3）QuickTime视频格式，文件名以.mov结尾。该视频格式由苹果公司开发。只要计算机上安装了相应的播放组件，就可以正常播放该格式的视频。

（4）MP4视频格式，文件名以.mp4结尾。该格式是网络上常见的视频格式，很多视频网站都会使用它，是比较流行的一种视频格式。Flash播放器、HTML5网站都能正常播放该格式的视频。

（5）MPEG视频格式，文件名以.mpg或.mpeg结尾。MPEG是英文Moving Pictures Expert Group的缩写。MPEG是跨平台的视频格式，几乎所有浏览器都能正常播放该格式的视频。

（6）RealVideo视频格式，文件名以.rm或.ram结尾。RealVideo视频格式是网络上的常用格式，对网络带宽要求比较低，能实现快速播放，但其视频画质没有其他格式视频画质高。

（7）WMV视频格式，文件名以.wmv结尾。WMV是英文Windows Media Video的缩写，该格式由微软公司开发，需要安装微软组件才能正常播放，因此，在非Windows系统上是不能正常播放该格式视频的。

1.4 特效制作的一般流程

微课视频

1.4.1 前期策划沟通

在正式开始制作特效之前，我们要与客户或策划进行需求沟通。比如，根据分镜头脚本了解故事情节、对涉及特效场景的部分进行详细分析、确定哪些场景需要添加特效等。此外，还要了解客户的要求，如特效的风格、色调、是否有素材提供等，做到心中有数。

1.4.2 素材采集和整理

在沟通了解完需求后，就要获取素材，因为有些特效是需要依附在原素材上的。

比如，在天空上合成宇宙飞船，需要把客户的Logo做动效处理等。这些就需要原素材做参考，它包括视频、音频、图片等。拿到素材后需要将其保存在U盘、硬盘或是云盘上，即对原始文件进行备份。否则，素材缺失是没办法弥补的。在获取素材后，要将其分门别类地整理好。如果没有一个清晰的分类，我们就会发现在接下来的制作过程中，要找到需要的镜头和素材很困难，尤其是在素材非常多的情况下，会影响剪辑的工作效率。

1.4.3 特效制作

下面正式进入特效制作环节。

首先根据素材情况和客户需求，进行概念设计和草图绘制。这个过程可以在脑海中进行，也可以实际绘制出来。这个阶段主要是为了确定视觉效果和外观风格，并与客户进行确认，减少后续修改的成本。然后就进入实操阶段了，即对需要制作的特效，如爆炸、飞行、烟雾、火焰等进行动画制作。

1.4.4 样片合成

初步的特效素材制作完成后，就需要进行初步的样片合成了。

样片合成是将特效与客户提供的视频素材相结合的过程。使用After Effects将制作好的特效素材与实拍镜头进行叠加、融合、追踪和合成。通过调整颜色、灯光、透明度等参数，确保特效和实拍镜头达到无缝融合的效果。

1.4.5 渲染输出

最后一步就是渲染输出作品了。在特效制作完成后，我们需要将最终的视频输出为客户所需要的格式。通常是将其导出为视频文件和工程备份文件。

总结一下，特效制作的一般流程分为前期策划沟通、素材采集和整理、特效制作、样片合成以及渲染输出这5步。各步骤相互配合，最终产生令人惊叹的视觉效果。

1.5 特效制作的高效学习方法

1.5.1 学习"重点面板"的"高频"效果

After Effects中的特效和功能非常多，要将所有效果都完全学会的话，比较费时费力，鉴于部分功能在实际工作中使用得比较少，笔者结合自身的工作经验，挑选了部分"重点、高频"的效果和功能来进行讲解。

例如，在After Effects的【合成】面板中，可以看到很多预设序列，但其中大部分内容都用不到，我们只需要明白PAL制式就可以了。

After Effects+AIGC 视觉特效与合成
——影视+UI动效+MG动画（全彩微课版）

1.5.2 知易行难，实战案例亲自动手练习

为了方便大家更高效快速地学习，本书配套了非常多的练习案例，以操作为主，大家在翻开教材的同时，也要打开After Effects软件，边看书边练习。After Effects是一门应用型技术，仅凭理论知识难以深刻记忆各项功能操作。希望大家通过动手实践，我们不仅能够理解正在学习的知识，还能够复习之前学习过的知识，并且能够更直观有效地理解软件功能。

1.5.3 别记参数，要举一反三

在学习After Effects的过程中，切忌死记硬背书中的参数。因为使用同样的参数在不同的情况下得到的效果不同。在学习过程中，我们需要理解参数为什么这么设置，而不是记住特定的参数值，要弄明白参数是如何影响最终效果的。明白了这一点，就可以举一反三，通过调整参数值，实现不同的效果。其实，After Effects中的参数设置并不复杂，在学习中遇到参数设置部分，不必拘泥于书本上提供的具体数值，可以大胆尝试各种不同的参数值，找到最符合自己项目要求的视觉效果。

1.5.4 先模仿，再创新

在掌握了基础理论知识和一定的软件操作技能后，我们就可以跟着书中的练习案例，一步一步操作。在这个阶段，我们的剪辑技术可以得到大幅提高。

接下来，读者可以通过自主创作更上一层楼（不要局限于书中的案例）。如果没有好的想法和创意，读者可以去各大设计网站观摩优秀作品，并结合自己的能力对优秀作品和案例进行模仿，在模仿的过程中，看看别人用了哪些方法。当然这不是让大家去抄袭优秀的作品，而是要让大家通过模仿来打开思路，提高独立解决问题的能力，这样才能"集百家之长"，不断提高自己。

1.6 本章小结

本章带大家初步了解了视觉特效相关知识，主要介绍了特效的分类及特效合成的常见应用场景、剪辑与特效的关系、与特效制作相关的理论知识、特效制作的一般流程、特效制作的高效学习方法等。

我们需要重点掌握与特效制作相关的理论知识，以及特效制作的高效学习方法。前者是理论基础，如帧、像素、分辨率等，都是后续案例学习中需要重点掌握的内容。而后者是大家学习特效制作的法则，让大家能够在最短的时间内达到较好的学习效果。

第 2 章 After Effects入门

2.1 认识After Effects

2.1.1 After Effects软件简介

After Effects全称Adobe After Effects，简称AE，是由Adobe公司开发的一款影视特效软件，如图2-1所示。为了方便大家理解，我们可以把"Adobe After Effects 2023"分开进行解释。

Adobe公司旗下还有很多人们耳熟能详的软件，如视频剪辑软件Premiere（简称PR）、音频制作软件Audition（简称AU）、图形处理软件Photoshop（简称PS）、矢量绘图软件Illustrator（简称AI）等，如图2-2所示。

我们要学习的After Effects是用来做影视特效的。通过使用After Effects软件，我们可以创作出电影级别的字幕、片头、过渡转场、音视频特效以及场景合成，此外，它不允许从视频中删除或增加物体，制作粒子特效、抠像特效，以及模拟雨雪天气等效果，如图2-3所示。

图 2-1

图 2-2

图 2-3

2.1.2 After Effects的两大主要功能

1. 动态图形（Motion Graphics）

动态图形指的是"随时间流动而改变形态的图形"。简单来说，动态图形可以解释为会动的图形设计，是影像艺术的一种。其主要应用领域为节目频道包装、电影电视片头、商业广告、MV、现场舞台屏幕、互动装置等。

2. 视觉特效（Visual Effects，VFX）

视觉特效是一种通过计算机生成图像和处理真人拍摄范围以外镜头的技术。它涉及真人镜头和计算机生成图像（CGI）的合成，以创造虚拟的真实场景，但这是有风险的——代价高昂而且无法捕捉在胶片上。尽管如此，视觉特效在电影中的应用变得越来越普遍。

2.1.3　After Effects对计算机硬件的要求

Windows 的最低规范和推荐规范要求如表2-1所示。

表2-1　Windows 的最低规范和推荐规范要求

	最低规范	推荐规范
处理器	Intel® 第 6 代或更新版本的 CPU，以及 AMD Ryzen™ 1000 系列或更新版本的 CPU	具有快速同步功能的 Intel® 第 11 代或更新版本的 CPU，以及 AMD Ryzen™ 3000 系列 / Threadripper 2000 系列或更新版本的 CPU
操作系统	Windows 10（64 位）版本 20Hz（或更高版本）	Windows 10（64 位）版本 22Hz（或更高版本）或 Windows 11
内存	16GB RAM	16GB RAM，用于 HD 媒体 32GB 或以上，适用于 4K 及更高分辨率
GPU	4GB GPU 内存	4GB GPU 内存，适用于 HD 和某些 4K 媒体 6GB 或以上，适用于 4K 和更高分辨率
存储空间	8GB 可用硬盘空间用于安装；安装期间所需的额外可用空间（不能安装在可移动闪存存储器上）	用于应用程序安装和缓存的快速内部 SSD
显示器	1 920×1 080	1 920×1 080 或更高 DisplayHDR 1 000，适用于 HDR 工作流程

MacOS 的最低规范和推荐规范要求如表2-2所示。

表2-2　MacOS 的最低规范和推荐规范要求

🍎	最低规范	推荐规范
处理器	Intel® 第 6 代或更新版本的 CPU	Apple Silicon M1 或更新版本
操作系统	macOS Monterey（版本 12）或更高版本	macOS Monterey（版本 12）或更高版本
内存	16GB RAM	Apple Silicon：16GB 统一内存
GPU	Apple Silicon：16GB 统一内存 Intel：需要专用 GPU 卡或外部 GPU	Apple Silicon：16GB 统一内存
存储空间	8GB 可用硬盘空间用于安装；安装期间所需的额外可用空间（不能安装在可移动闪存存储器上）	用于应用程序安装和缓存的快速内部 SSD
显示器	1 920×1 080	1 920×1 080 或更高 DisplayHDR 1 000，适用于 HDR 工作流程

2.2　After Effects和其他软件的协作

2.2.1　After Effects和Photoshop

After Effects和Photoshop的结合使用，可以为设计师和特效师提供更多的创作可能性。Photoshop处理的是静态图像，一般用于平面设计领域。After Effects多用于处理动态图像，当然它也可以处理静态图像。

Photoshop文件是可以直接导入After Effects中进行编辑的。这样一来，设计师可以在Photoshop中进行图像处理和修饰，然后将图像导入After Effects中进行动画制作。这种无缝衔接的方式，不仅提高了工作效率，还保证了图像质量。

2.2.2 After Effects和Premiere

Premiere是视频剪辑软件，主要用于视频的裁剪与组接、视频与音频的结合等，广泛适用于电影、电视剧、宣传片、微电影、广告片等多种视频制作领域。After Effects是特效合成类软件，多用于制作动画和特效。比如，可以用来制作处理剪辑中的片头、片尾、文字标题等。

After Effects和Premiere的工程文件是可以相互导入编辑的。比如，在After Effects中制作好的动态图形动画，可以直接保存成模板，并导入Premiere的基本图形面板中使用。在Premiere里不仅可以最大限度保留其灵活性，还可以自由调整颜色、字体、大小等属性。

2.2.3 After Effects和3ds Max、Maya、Cinema 4D等

After Effects其实是一个"伪3D"软件，因为它在3D场景中没有厚度，所以它并不能用于建模、材质、灯光和渲染等任务。

3D软件中的场景渲染完成后，可以导入After Effects中进行最后的修饰。比如，使用After Effects中的CINEWARE，不仅可以将Cinema 4D场景和动画直接加载到After Effects合成中，而且可以在After Effects中查看和渲染。

2.3 After Effects的工作界面

微课视频

2.3.1 After Effects不同的工作界面

After Effects的工作界面主要由【标题栏】、【菜单栏】、【项目】面板、【工具栏】面板、【效果和预设】面板、【效果控件】面板、【图层】面板、【时间轴】面板、【合成】面板等多个面板组成。如图2-4所示。

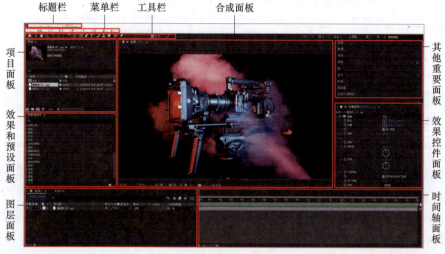

图2-4

14

After Effects+AIGC 视觉特效与合成
——影视+UI动效+MG动画（全彩微课版）

单击 >> 图标，可以调出After Effects的所有工作界面，如图2-5所示。此时，可以在弹出来的子菜单中选择不同的工作界面，主要包括【默认】【学习】【标准】【小屏幕】【库】【动画】【基本图形】【颜色】【效果】【简约】【绘画】【文本】【运动跟踪】这13种类型。

比如，当切换到【颜色】工作界面时，After Effects会自动调出【Lumetri范围】面板，如图2-6所示。此时，这个界面更利于调色工作，因为在【Lumetri范围】面板中可以观察到画面的直方图、RGB分量和矢量示波器等参数。这些参数能够辅助我们找出画面的问题，从而进行颜色校正或者风格化调色。

图2-5

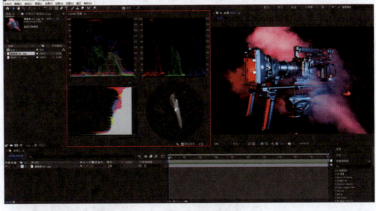

图2-6

2.3.2 关闭或删除面板

After Effects软件包含多个工作面板，如果大家想查看所有工作面板，可以在最上方的【菜单栏】中单击【窗口】按钮，如图2-7所示。

1. 添加面板

在图2-7中可以看到，面板名称前方带有 ✓ 符号的，表明该面板会在主工作界面中显示。如果要添加面板的话，只需要将文字前方的 ✓ 勾选上即可。

比如，要单独调出"事件"面板放在工作界面中，只需要在最上方的【菜单栏】中单击【窗口】按钮，并将"事件"（【内容识别填充】）前面的 ✓ 勾选上，如图2-8所示。此时，"事件"（【内容识别填充】）面板就被添加到工作界面了，如图2-9所示。

图2-7　　　　　　　　　　　　　　　　　　　图2-8

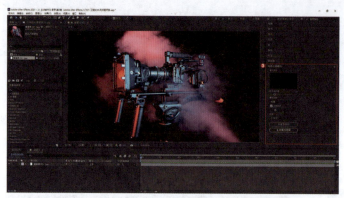

图2-9

2.删除面板

After Effects的面板非常多，在实际工作过程中，可以关闭一些使用频率较低的面板，那么该如何关闭某个面板呢？

观察After Effects的面板可以发现，在面板名称的右侧都会有一个██符号。如果要关闭面板，只需要单击██符号，在弹出的子菜单中执行【关闭面板】命令，即可关闭该面板，如图2-10所示。

图2-10

2.3.3 移动、停靠浮动面板

1.调整面板的大小

将光标放在两个面板的交界处，光标会变为██符号。此时，按住鼠标左键向左或向右拖曳，相邻面板的面积就会增大或缩小，如图2-11所示。

如果想要同时调整多个面板的大小，可将光标放在多个面板的交界处，光标会变为██符号。此时，按住鼠标左键进行拖曳，即可同时改变相邻多个面板的大小，如图2-12所示。

图2-11

图2-12

After Effects+AIGC 视觉特效与合成
——影视+UI动效+MG动画（全彩微课版）

2. 移动面板的位置

After Effects工作界面的面板不仅可以调整大小，还可以根据个人剪辑习惯自由移动位置。

在图2-13中，可以看到红框标注的3个面板，分别是左上方的【项目】面板、左下方的【效果和预设】面板，以及右侧的【合成】面板。

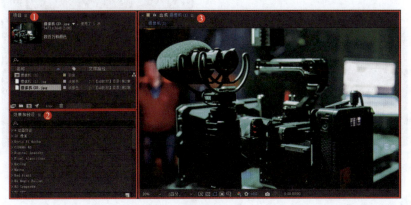

图2-13

假设，要将左下方的【效果和预设】面板放在【项目】面板和【合成】面板的中间，只需要将光标放在【效果和预设】面板上，按住鼠标左键不松手，将它拖曳至两个面板的中间，如图2-14所示。

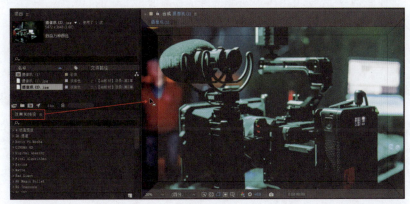

图2-14

此时，两个面板中间就会出现蓝色高亮区域，该区域就是移动面板后应放置的位置。确定好新的放置区域后，松开鼠标左键即可完成面板移动，如图2-15所示，【效果和预设】面板就移到了【项目】面板和【合成】面板的中间。

图2-15

3. 浮动面板

以【音频】面板为例，单击■■符号，在弹出的子菜单中执行【浮动面板】命令，如图2-16所示。此时，【音频】面板就浮动在整个工作界面上，如图2-17所示。

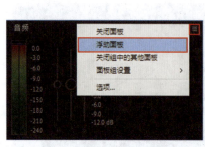

图2-16

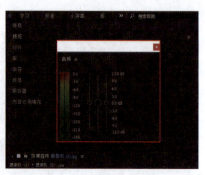

图2-17

2.3.4 最大化某个工作面板

在实际工作中，因为计算机屏幕大小不同，有时候需要最大化某个工作面板，以方便人们观察，那么，在After Effects中该如何操作呢？

其实，该操作是有快捷键的，只需要将光标放在需要最大化的面板上，接着按键盘上的~键，就可以把窗口最大化了。进入最大化工作面板后，如果要恢复，只需要再次按键盘上的~键就可以了。

 小提示 在After Effects中使用快捷键的时候，需要把输入法切换到英文状态。

2.4 如何自定义工作区

2.4.1 重置工作区

大家在调整、移动这些面板的时候，可能会担心工作区打乱了该怎么办。不用担心，After Effects的工作区是可以进行重置的，重置工作区可以使当前界面恢复到软件默认的布局。

执行【菜单栏】最上方的【窗口】-【工作区】-【将"默认"重置为已保存的布局】命令，如图2-18所示，就可以快速恢复到默认工作界面。

2.4.2 另存新的工作区

在After Effects软件中，也可以将我们调整好的工作区另存为一个新的工作区。当找到适合自己习惯的工作区后，就可以把它保存下来，这样也会提高我们的工作效率。

执行【菜单栏】最上方的【窗口】-【工作区】-【另存为新工作区】命令，如图2-19所示。

After Effects+AIGC 视觉特效与合成
——影视+UI动效+MG动画（全彩微课版）

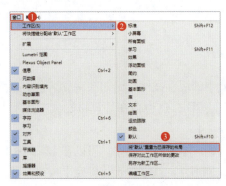
图2-18

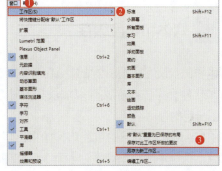
图2-19

此时会弹出【新建工作区】对话框，更改新工作区的名称后，单击【确定】按钮即可保存，如图2-20所示。此时，在工作界面的最上面就可以看到刚才保存的新工作区"测试-仕林的新工作区"，如2-21所示。

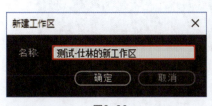
图2-20

图2-21

 2.5 After Effects的首选项介绍

通过调整After Effects的首选项设置，可以使软件更好的适应个人使用习惯，在首选项中所做的更改将应用于后续所有操作。

执行【菜单栏】-【编辑】-【首选项】命令，如图2-22所示。此处，可以看到【首选项】下的所有命令，如图2-23所示。

图2-22

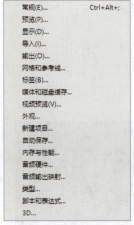
图2-23

2.5.1 媒体和磁盘缓存

媒体和磁盘缓存主要针对的是After Effects中的缓存文件，比如在完成某个动画后进行预览时，软件会生成缓存文件以加快预览速度。然而，这也会在计算机磁盘中留下大量文件，占用一定的存储空间。

在使用After Effects的过程中，如果出现卡顿、不流畅的现象，可以在【媒体和磁盘缓存】面板上执行【清空磁盘缓存】命令，如图2-24所示。接着单击【确定】按钮，即可删除缓存文件，如图2-25所示。

图2-24　　　　　　　　　　　　　　　　　　图2-25

2.5.2 自动保存功能

在使用After Effects进行项目制作的过程中，不可避免地会遇到其崩溃、机器意外关机等意外情况。在这些情况下，由于手动保存尚未完成，之前所做的工作都可能会消失。而自动保存功能会创建定期保存的副本，使我们能够在发生意外情况时重新打开最后一个保存的项目文件，从而最大限度减少损失。

【保存间隔】默认的保存间隔时间为20分钟，建议改为3~5分钟，如图2-26所示。

【最大项目版本】指的是按照设置好的【保存间隔】时间，软件自动保存的文件个数。

2.5.3 内存的设置

【内存与性能】指的是在软件工作中CPU选择分配给After Effects的内存多少，分配的内存越多，渲染或输出的速度就会越快。【为其他应用程序保留的RAM】需要根据计算机安装的内容而定，一般为3~6 GB，如图2-27所示。

图2-26　　　　　　　　　　　　　　　　　　图2-27

2.5.4 脚本和表达式

在使用After Effects的脚本或插件时，经常会遇到一个问题：尽管已经按照要求将其放置在指定的文件夹内，但是在After Effects中仍然无法找到脚本。其实，解决这个问题的方法很简单：只需要在首选项中勾选【脚本和表达式】下的【允许脚本写入文件和访问网络】与【启用JavaScript调试器】选项，如图2-28所示。这样，脚本就可以正常运行了。

图2-28

2.6 重点工作面板的高频功能介绍

微课视频

2.6.1 【项目】面板

【项目】面板可以显示或存放素材、合成文件等，如图2-29所示。该面板内的重要操作按钮及其功能说明如下。

图2-29

搜索栏：可通过该搜索栏在【项目】面板中检索素材、合成等项目，适用于素材或合成较多的情况。

解释素材：选择素材后单击该图标，可设置素材的Alpha、帧速率等参数。

■ 新建文件夹：单击该图标可以在【项目】面板中新建一个文件夹，方便素材与合成的管理。

■ 新建合成：单击该图标可以在【项目】面板中新建一个合成。

8 bpc 颜色：单击该图标可以打开【项目设置】面板，并调整项目颜色深度。按住Alt键并单击该图标可以循环查看项目颜色深度。

🗑 删除所选项目：选择【项目】面板中的素材，单击该图标可进行删除操作。

2.6.2 【工具栏】面板

【工具栏】面板中包含数十种工具，如图2-30所示。观察工具栏可以看到，部分工具的右下角有黑色的小三角形，它代表着该工具还有隐藏/扩展选项，如果要使用的话，只需要按住鼠标不松手即可调出。该面板内的操作按钮及其功能说明如下。

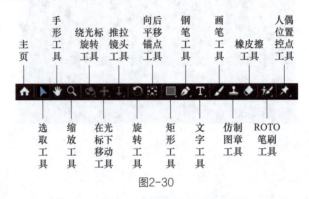

图2-30

🏠 主页：单击该图标可以进入After Effects启动后的主页界面。

▶ 选取工具：用于选择素材，或在【合成】面板和【图层】面板中选取或移动对象，快捷键为V。

✋ 手形工具：使用该工具可在【图层】面板或【合成】面板中按住鼠标左键拖曳素材的视图显示位置，快捷键为H。

🔍 缩放工具：可以放大或缩小画面，快捷键为Z。

绕光标旋转工具：绕光标单击位置移动摄像机，组合键为Shift+1。

在光标下移动工具：平移速度相对于光标单击位置发生变化，组合键为Shift+2。

推拉镜头工具：将镜头从合成中心推向光标单击位置，组合键为Shift+3。

旋转工具：用于在【合成】面板和【图层】面板中对素材进行旋转操作，快捷键为W。

向后平移锚点工具：可以改变对象的轴心点位置，组合键为Y。

矩形工具：可以在画面中建立矩形形状或者矩形蒙版，组合键为Q。

钢笔工具：用于为素材绘制路径或者蒙版，组合键为G。

文字工具：用于创建横排或竖排文字，组合键为Ctrl+T。

画笔工具：用于在图层上绘制出需要的图像，双击【时间轴】面板中的素材进入【图层】面板，即可使用该工具绘制图案，快捷键为B。

仿制图章工具：用于复制需要的图像并应用到其他部分生成相同的内容，双击【时间轴】面板中的素材进入【图层】面板，将光标移动到某一位置按Alt键，单击鼠标左键吸取该位置的颜色，然后按住鼠标左键并绘制即可，组合键为Ctrl+B。

橡皮擦工具：双击【时间轴】面板中的素材进入【图层】面板，擦除画面多余图像。

Roto笔刷工具：用于分离背景和主体画面，抠除独立的前景素材，组合键为Alt+W。

人偶位置控点工具：用于设置控制点的位置，组合键为Ctrl+P。

2.6.3 【效果和预设】面板

After Effects中的【效果和预设】面板里包含了视频、音频、过渡、抠像、调色等效果，找到需要的效果后，拖曳到【时间轴】面板的图层上，为该图层添加需要的效果，如图2-31所示。该面板内的重要操作按钮及其功能说明如下。

图2-31

搜索栏：可通过该图标在【效果和预设】面板中检索自己需要的效果预设。

创建新动画：通过该图标可创建新的动画预设。

2.6.4 【效果控件】面板

在【效果控件】面板中，可以更精细地控制视频和音频等效果的具体参数。如果未在【时间轴】面板中选中素材，那么【效果控件】面板是空的，如图2-32所示。如果在【时间轴】面板中选中了素材，并添加了效果，【效果控件】面板中的参数就会被激活，如图2-33所示。

图2-32

图2-33

2.6.5 【图层】面板

【图层】面板可实时播放素材并能预览素材的进度，与【合成】面板相似，都可以进行预览。但是【合成】面板是预览作品添加效果后的整体效果，而【图层】面板是只预览当前图层的效果。双击【时间轴】面板上的图层，即可进入【图层】面板，如图2-34所示。

[合成]面板   [图层]面板

图2-34

2.6.6 【时间轴】面板

【时间轴】面板可以新建不同类型的图层、创建关键帧动画等，如图2-35所示。该面板内的重要操作按钮及其功能说明如下。

图2-35

当前时间：可显示时间线停留的当前时间，单击可进行编辑。

搜索栏：可通过搜索栏在【时间轴】面板中检索素材。

合成微型流程图：用于合成微型流程图，快捷键为Tab。

消隐：用于隐藏设置了【消隐】开关的所有图层。

连续栅格化：对于合成图层，可进行折叠变换；对于矢量图层，可进行连续栅格化。

质量和采样：用于设置作品质量，其中包括三种级别。

效果：取消该选项可显示未添加效果的画面，勾选则显示添加效果的画面。

帧混合：为设置了【帧混合】开关的所有图层启用帧混合。

运动模糊：为设置了【运动模糊】开关的所有图层启用运动模糊。

3D图层：用于启用或关闭3D图层功能，在创建三维图层时需要开启。

图表编辑器：用于编辑关键帧曲线。

2.6.7 【合成】面板

【合成】面板用于显示当前合成的画面效果，如图2-36所示。该面板内的重要操作按钮及其功能说明如下。

(46.8%) 缩放比率：显示预览素材的放大倍率。

完整 分辨率：显示画面的分辨率，如二分之一、三分之一、四分之一。

背景显现：将背景以透明网格的形式进行呈现。

切换蒙版和形状路径可见性。

选择网格和辅助线选项。

: 显示通道及色彩管理设置。

: 捕获界面快照、拍摄快照。

 0:00:03:16 预览的当前时间：预览时间，单击可更改当前时间。

图2-36

2.6.8 【字符】和【段落】面板

【字符】和【段落】面板用于设置文字及段落的属性，如图2-37所示。该面板内的重要操作按钮及其功能说明如下。

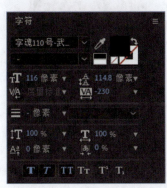

图2-37

 吸管工具：使用该工具可吸取画面中的颜色，作为文字的颜色。

 填充/描边颜色：通过这两个色块，可快速设置文字颜色为"黑色"或"白色"。

 字体大小：用于设置字体的大小。

 字偶间距：用于设置两个字符间的字偶间距。

 设置行距：用于设置文本间的行距。

 字符间距：用于设置所选字符的字符间距。

 描边宽度：用于设置描边的宽度。

 描边颜色：用于交换"填充"和"描边"的颜色。

2.6.9 【跟踪器】面板

【跟踪器】：面板主要用于跟踪、分析摄像机的运动轨迹。其主要功能包含跟踪摄像机、变形稳定器、跟踪运动和稳定运动，如图2-38所示。

【跟踪摄像机】：在【时间轴】面板上选择要跟踪的素材图层，在【跟踪器】面板中单击【跟踪摄像机】按钮之后，会向素材图层添加"3D摄像机跟踪器"效果，并立即对视频画面逐帧分析，以反求原始摄像机运动。

【变形稳定器】：用于减少拍摄时手持相机的晃动和抖动，从而得到更加稳定的影像。

【跟踪运动】：对动态画面的运动轨迹进行追踪记录，从而制作跟随效果。

【稳定运动】：使用该功能可通过手动添加和设置跟踪点来跟踪对象的运动，将获得的跟踪数据对图层本身进行反向变换，从而达到稳定画面的目的。

2.6.10 【内容识别填充】面板

【内容识别填充】面板基于Adobe Sensei技术具备即时感知能力，可自动移除选定区域并分析时间轴中的关联帧，通过拉取其他帧中的相应内容来生成新的像素，从而移除视频中不需要的对象，如电线杆、路人或水印等，如图2-39所示。

图2-38

图2-39

2.7 新建项目工程文件

在实际的特效合成制作过程中，我们需要建立标准化的工程文件模板，主要有以下两个原因。

（1）方便分类管理修改。特效制作是一项极其复杂的过程，导致了我们需要用到很多素材，有甲方提供的素材、有网络下载的素材，还有自己制作的素材，如音效、音乐、图片等。这就需要进行分门别类的整理和归纳，如图2-40所示。这样，就可以在后续的修改和调整过程中，减少错误和遗漏。

| 01 工程文件 | 02 视频原片 | 03 文本文案 | 04 音乐音效 |
| 05 网络素材 | 06 特效素材 | 07 其他素材 | 08 成片输出 |

图2-40

After Effects+AIGC 视觉特效与合成
——影视+UI动效+MG动画（全彩微课版）

【01工程文件】：用于放置After Effects的源工程文件和软件自动保存的项目文件。

【02视频原片】：用于放置甲方提供的视频原素材和自己拍摄补充的视频等。

【03文本文案】：用于放置宣传稿、分镜头脚本、配音稿、创意设计等素材。

【04音乐音效】：用于放置背景音乐、片头片尾音效、配音等音频文件。

【05网络素材】：用于放置从网络下载的特效素材和参考素材等内容。

【06特效素材】：用于放置特效合成素材。

【07其他素材】：用于放置该项目下的其他临时素材，如字体、luts等。

【08成片输出】：用于放置最终导出的、可交付的视频成片文件。

（2）方便团队之间相互配合。做完的项目不是只提供给自己看的，有的时候需要其他团队配合。如果每个团队都有自己的模板而不能和别人的模板通用，那么前期沟通的成本就会更高。如果模板能够统一的话，合作起来就会更加高效。而且，模板的建立是一劳永逸的事情，即在后续工作中只要引用这个模板就可以了，不用每次都修改。

2.8 新建合成

微课视频

2.8.1 什么是合成

在After Effects中，合成（synthesis）是一个包含多个图层的项目。在合成中可以将多个图层组合在一起，以创建一个完整的视觉效果。在制作动画或者视频的时候，对图层的所有操作都是在合成中进行的，它是特效制作的第一步。

 如果对Premiere 的操作比较熟悉的话，After Effects中的【合成】就相当于Premiere中的【序列】。所有的剪辑操作都是在序列中进行的，同理，所有的特效也都是在合成中完成的。

2.8.2 合成设置

打开After Effects，单击【新建合成】按钮，如图2-41所示。此时会弹出【合成设置】对话框，如图2-42所示。在该对话框中我们可以自定义设置各种参数。

图2-41

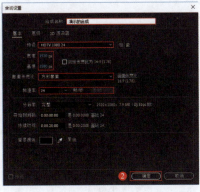

图2-42

【合成名称】：用于自定义更改合成的名称，如改成"演示的合成"。

【预设】：用于在软件自带的预设中，选择适合自己的预设。一般选择"HDTV 1080 24"。

【宽度】和【高度】：主要是用来设置合成的大小。一般设置成"1920px"和"1080px"。

【像素长宽比】：用于设置单个像素的形状。一般选择"方形像素"。

【帧速率】：用于决定每秒包含多少个画面。一般选择"24帧/秒"。

合成的参数设置完成后，单击【确定】按钮即可。此时，【项目】面板上就会出现刚才新建的合成，如图2-43所示。

图2-43

2.9 素材的导入

2.9.1 导入素材的四种方法

方法一：在【菜单栏】中执行【文件】-【导入】-【文件】命令，如图2-44所示。在弹出的【导入文件】对话框中，选择需要导入的素材，单击【导入】按钮，如图2-45所示。此时，刚才选中的素材就被导入【项目】面板，如图2-46所示。

图2-44

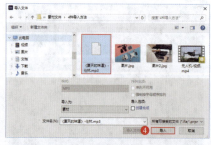

图2-45

图2-46

方法二：在激活任意面板的情况下，按组合键 Ctrl+I，同样会弹出【导入文件】对话框，选中需要导入的素材，如图2-47所示，单击【导入】按钮。此时，选中的素材也会被导入【项目】面板中，如图2-48所示。

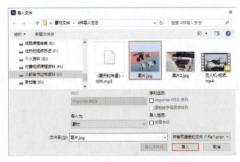

图2-47   图2-48

方法三：在【项目】面板中，双击空白处，如图2-49所示，会弹出【导入文件】对话框。选中素材后单击【导入】按钮，即可将素材导入。

图2-49

方法四：在素材文件夹中，选中需要导入的素材，按住鼠标左键直接将其拖曳到【项目】面板中，如图2-50所示。松开鼠标，即可将素材导入【项目】面板，如图2-51所示。

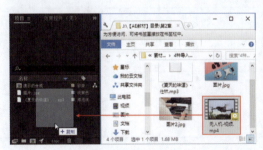

图2-50   图2-51

2.9.2 After Effects中支持导入的文件格式

【音频文件格式】

格式	导入 / 导出支持
Advanced Audio Coding（AAC、M4A）	导入和导出
Audio Interchange File Format（AIF、AIFF）	导入和导出
MP3（MP3、MPEG、MPG、MPA、MPE）	导入和导出
Waveform（WAV）	导入和导出

【静止图像文件格式】

格式	导入 / 导出支持
Adobe Illustrator（AI、EPS、PS）	仅导入
Adobe Photoshop（PSD）	导入和导出
位图（BMP、RLE、DIB）	仅导入
CompuServe GIF（GIF）	仅导入
JPEG（JPG、JPE）	导入和导出
Portable Network Graphics（PNG）	导入和导出

【视频和动画文件格式】

格式	导入 / 导出支持
H.265（HEVC）	仅导入
Adobe Flash Video（FLV，F4V）	仅导入
动画 GIF（GIF）	仅导入
DV	导入和导出
H.264（M4V）	仅导入
QuickTime（MOV）	导入和导出
Video for Windows（AVI）	导入和导出
Windows Media（WMV、WMA）	仅导入
XDCAM HD 和 XDCAM EX（MXF、MP4）	仅导入

【项目文件格式】

格式	导入 / 导出支持
Advanced Authoring Format（AAF）	仅导入
AEP、AET	导入和导出
Adobe After Effects XML 项目（AEPX）	导入和导出
Adobe Premiere Pro（PRPROJ）	导入和导出

【数据文件格式】

格式	导入 / 导出支持
JSON	仅导入
mgJSON	仅导入
JSX	仅导入
CSV	仅导入
TSV（.tsv 或 .txt）	仅导入

【其他文件格式】

格式	导入 / 导出支持
Cinema 4D Importer	导入和导出
Maya Scene camera data（MA）	仅导入

 2.10 【课堂练习】初级合成特效

微课视频

　　通过前面的学习，我们已经掌握了软件的基础操作和重要界面。接下来，我们就通过一个简单的合成案例，来了解一下After Effects的完整工作流程。

步骤01: 新建合成。打开After Effects软件后,先新建一个合成。【合成名称】改为"初级合成特效-案例",【预设】选择"HDTV 1080 24",【宽度】和【高度】分别为"1920px"和"1080px",【像素长宽比】为方形像素,【帧速率】为"24帧/秒",如图2-52所示。

图2-52

步骤02: 导入素材到【项目】面板和【时间轴】面板。在【项目】面板中导入本案的素材,接着分别将"合成素材"添加到【时间轴】面板,如图2-53所示。此时,【合成】面板如图2-54所示。

图2-53　　　　　　　　　　图2-54

步骤03: 添加抠像特效。在【时间轴】面板中单击"合成素材"将其激活,然后在【菜单栏】中执行【效果】-【Keying】-【Keylight(1.2)】命令,如图2-55所示。

图2-55

添加【Keylight(1.2)】效果后,软件会自动打开【效果控件】面板,如图2-56所示。接下来,我们就需要使用"Screen Colour"后面的【吸管工具】，点选画面中的绿色部分,如图2-57所示。此时,软件就会自动抠除选中的颜色,这样小猫咪就被单独抠出来了,如图2-58所示。

图2-56　　　　　　　　　图2-57　　　　　　　　　图2-58

步骤04： 场景合成。接下来要把抠出来的小猫咪合成到新的场景中。首先将刚才导入的"视频素材"拖曳到【时间轴】面板，并放置于最底层，如图2-59所示。此时，【合成】面板的画面如图2-60所示。

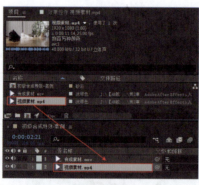

图2-59　　　　　　　　　　　　图2-60

观察画面可以看到，虽然小猫咪已经出现在新的场景中，但是位置、大小、透视关系等是有问题的。接下来就要调整它的【位置】和【缩放】的参数。

在【时间轴】面板中单击"合成素材"将其激活，接着在英文输入法的状态下，按键盘上的P键，可以快速调出【位置】属性，将X轴和Y轴的参数分别改为"1150""520"，如图2-61所示。同理，在英文输入法的状态下，按键盘上的S键，可以快速调出【缩放】属性，将其改为"60"，如图2-62所示。此时，【合成】面板的画面如图2-63所示。

图2-61　　　　　　　　　　　　图2-62

图2-63

After Effects+AIGC 视觉特效与合成
——影视+UI动效+MG动画（全彩微课版）

After Effects中图层五大属性的快捷键

After Effects图层五大属性包括：位置（Position）、旋转（Rotation）、缩放（Scale）、锚点（Anchor point）和不透明度（Opacity）。这些属性对于图层的移动、变形、控制透明度等起到了重要的作用。

小提示

【位置】属性：快捷键为P。

【旋转】属性：快捷键为R。

【缩放】属性：快捷键为S。

【锚点】属性：快捷键为A。

【不透明度】属性：快捷键为T。

步骤05：完善、优化细节。将【位置】和【缩放】的参数调整后，可以看到小猫咪现在的位置跟整个场景是比较匹配的。但是，仔细观察可以看到该画面是有景深的，也就是靠后的位置画面是模糊的。接下来就要人为制作模糊的效果。

在【时间轴】面板中单击"合成素材"将其激活，然后在【效果和预设】面板中搜索【高斯模糊】效果，找到模糊和锐化下的高斯模糊，将其拖曳到【合成】面板上，如图2-64所示。

接着，在【效果控件】面板中把【模糊度】的参数改为"10"，如图2-65所示。此时，【合成】面板的画面如图2-66所示。可以看到原本清晰的小猫咪变模糊了，而且能够与整个场景完全匹配。

图2-64

图2-65

图2-66

步骤06：成片输出。

检查无误后，就可以输出画面了。在英文输入法的状态下，按组合键Ctrl+M就可以来到【渲染队列】，如图2-67所示。

图2-67

在【渲染设置】对话框中将【品质】选择"最佳"，【分辨率】选择"完整"，如图2-68所示。在【输出模块设置】对话框中将格式选择"QuickTime"，通道选择"RGB"，如图2-69所示。在【将影片输出到】对话框中选择文件储存的盘符、位置、文件名等，如图2-70所示。

图2-68

图2-69

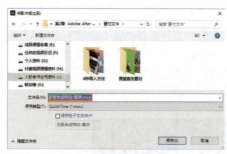
图2-70

所有输出参数都设置好后，单击【渲染】按钮，如图2-71所示。此时After Effects会自动对刚才的合成进行渲染。输出完成后播放视频，就可以看到最终的合成效果，如图2-72所示。

图2-71

图2-72

2.11 本章小结

本章主要学习的是After Effects软件的入门知识，我们认识了After Effects的不同工作界面、自定义工作区、设置首选项、合成的概念、素材的导入，并制作了一个初级特效案例。

大家要重点掌握两部分内容：一是熟悉重点工作面板的高频功能；二是了解After Effects特效制作的完整工作流程。

第**3**章 | 创建关键帧动画

从本章开始，我们就要学习After Effects的进阶操作了，主要包括关键帧动画的基础操作和相关案例。

3.1 初识关键帧

微课视频

3.1.1 什么是关键帧

关键帧指物体运动变化中捕捉关键动作的那一瞬，是视频中一个镜头的关键图像帧。帧是动画中最小的单位，一帧就是一幅影像画面，相当于电影胶片上的每一格镜头，如图3-1所示。我们现在看到的视频，就是由一张张连续的图片组成的，快速连续地显示单幅画面便形成了运动的假象，一般视频的帧率为24帧/秒。

图 3-1

> **知识拓展**
>
> 1秒内能不能超过24帧呢？
>
> 当然是可以的，高的帧率可以得到更流畅、更逼真的动画。用高于24帧／秒的帧率播放，得到的效果就是慢动作镜头，也叫升格镜头；相反的，如果用低于24帧/秒的帧率播放，就是降格镜头。
>
> 比如，在很多极限运动或者旅拍视频中，通常会用升格镜头来提高视频的质感和渲染氛围。

3.1.2 添加关键帧的多种方法

方法1：单击【时间变化秒表】按钮创建关键帧

在【时间轴】面板中打开任意一个图层的五大属性，可以看到每个参数前都有一个【时间变化秒表】按钮，如图3-2所示。单击该按钮即可开启关键帧，该按钮随即变为蓝色。可以通过按钮颜色变化来辨别关键帧状态，下面以具体的操作来做演示。

35

步骤01：打开After Effects软件，新建项目和合成后，将练习素材导入【项目】面板，并将其拖入【时间轴】面板，如图3-3所示，此时，【合成】面板中的画面效果如图3-4所示。

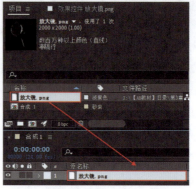

图3-2　　　　　　　　　　　图3-3　　　　　　　　　　　图3-4

步骤02：单击【时间轴】面板上的"素材"将其激活，将时间指示器移至第一帧的位置。以【缩放】参数为例，单击【缩放】参数前面的【时间变化秒表】◎按钮，并将其参数值改为"0"，创建第一个关键帧，如图3-5所示。

图3-5

步骤03：要生成关键帧动画，至少要有两个参数设置不同的关键帧，且两个关键帧之间要有一定的时间间隔。接下来，继续拖曳时间指示器，更改【缩放】参数值，此时，After Effects会自动生成第二个关键帧，如图3-6所示。

图3-6

步骤04：此时播放，就可以看到刚才制作的动画效果，画面中的素材呈现从无到有、由小到大的动画效果，如图3-7所示。

图3-7

方法2：使用【添加/移除关键帧】按钮创建关键帧

以上述效果为例，在添加完两个关键帧后，【缩放】参数的前面会显示【在当前时间添加或移除关键帧】◆按钮。

此时，只需要将时间指示器移动到其他位置，单击【在当前时间添加或移除关键帧】◆按钮，就可以手动创建下一个关键帧，如图3-8所示。此时，该关键帧的参数设置与上一个关键帧一致，如需调整，可直接修改相关参数。

图3-8

> 1. 在After Effects中，凡是带有◎码表的属性都可以制作关键帧动画。
> 2. 要想产生动画，必须有两个或两个以上的关键帧，且两个关键帧的数值不同，以展示动画中的运动或变化。
> 3. 关键帧动画制作步骤：确定起始时间—点亮属性码表—确定结束时间—变化数值参数。

3.1.3 移动、删除、复制关键帧

1. 移动关键帧

调整关键帧所在的位置，可以控制动画节奏的快慢。两个关键帧隔得越近，动画的播放速度就越快，反之则越慢。

假设在【时间轴】面板中已经创建好了关键帧，将鼠标指针置于需要移动的关键帧上，按住鼠标左键拖曳即可对关键帧进行左右移动，如图3-9所示。移动到合适的位置松开鼠标，就可以完成对关键帧位置的调整，如图3-10所示。

图3-9

图3-10

如果想移动多个关键帧，可按住鼠标左键并拖曳鼠标，框选需要移动的多个关键帧，如图3-11所示。框选后就可以对关键帧进行左右移动，当移动到合适的位置，松开鼠标即可完成多个关键帧位置的调整，如图3-12所示。

图3-11

图3-12

如何移动有间隔、不相连的多个关键帧呢?

如果要移动多个不相连的关键帧,我们只需要在按住键盘上Shift键的同时,依次单击需要移动的关键帧,如图3-13所示。接着按住鼠标左键并拖曳到合适的位置,释放鼠标即可,如图3-14所示。

图3-13

图3-14

2. 删除关键帧

在动画制作的过程中,经常会由于误操作为素材添加了多余的关键帧。要删除这些多余的关键帧,只需要选中它们,使用快捷键 Delete即可,如图3-15所示。

图3-15

如果需要一次性删除所有关键帧,可以使用【时间变化秒表】 按钮来实现,如图3-16所示。

图3-16

3. 复制关键帧

在制作关键帧动画的时候，往往需要创建多个关键帧，而有些关键帧的参数设置是一致的。此时，我们就可以直接复制创建关键帧，或者将已经制作好的关键帧动画复制给另一组不同的素材。

首先选择需要复制的关键帧，按组合键 Ctrl+C 进行复制，如图3-17所示。接着将时间指示器移动到合适的位置，按组合键 Ctrl+V 进行粘贴，此时，关键帧就被复制到时间指示器所在位置，如图3-18所示。

图3-17

图3-18

3.2 关键帧插值

通过前面的学习，我们已经知道了关键帧的概念，那什么是关键帧插值呢？

在数学中，插值指的是在两个已知值之间填充未知数据的过程。在计算机图形学中，插值指的是在两个关键帧之间生成中间所有帧的技术，故有时也称为"内插"。在After Effects中，关键帧插值包含临时插值和空间插值两种，如图3-19所示。

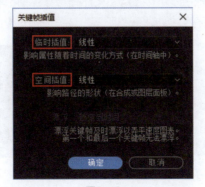

图3-19

3.2.1 临时插值

临时插值也叫作"时间插值"，是用来确定对象移动速度的有效方式。在这个插值中，我们可以对为动画创建的时间属性关键帧进行精确调整。它包括线性、贝塞尔曲线、自动贝塞尔曲线、连续贝塞尔曲线、定格等类型。

3.2.2 空间插值

空间插值用于处理对象的位置变化，是一种控制路径形状的有效方法。它包括线性、贝塞尔曲线、自动贝塞尔曲线、连续贝塞尔曲线等类型。

3.3 四种常见的关键帧类型

3.3.1 线性关键帧

 线性关键帧是匀速移动时最常见的关键帧类型。它不具备加减速的特性，因此，使用线性关键帧时，物体始终保持匀速运动，看起来不够自然，如图3-20所示。该关键帧对应的速度图表如图3-21所示。

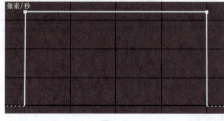

图3-20   图3-21

3.3.2 缓动关键帧

缓动关键帧也被称为慢进慢出关键帧，快捷键为F9。它可以使动画对象的运动更加自然流畅，更符合真实的运动质感，如图3-22所示。该关键帧对应的速度图表如图3-23所示。

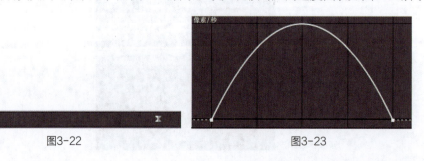

图3-22   图3-23

After Effects+AIGC 视觉特效与合成
——影视+UI动效+MG动画（全彩微课版）

3.3.3 缓入关键帧

▶ 缓入关键帧也被称为慢出关键帧，快捷键为Shift+F9。它可以让动画在停止的一瞬间变得更加平滑稳定，如图3-24所示。该关键帧对应的速度图表如图3-25所示。

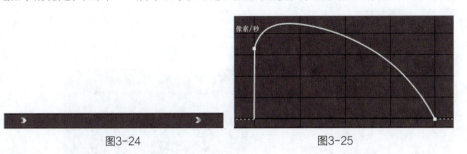

图3-24 　　　　　　　　　　图3-25

3.3.4 缓出关键帧

◀ 缓出关键帧也被称为慢入关键帧，快捷键为Ctrl+Shift+F9。它可以让动画在刚开始的一瞬间变得更加平滑稳定，如图3-26所示。该关键帧对应的速度图表如图3-27所示。

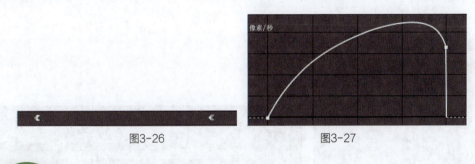

图3-26 　　　　　　　　　　图3-27

3.4 调整关键帧速率曲线

3.4.1 编辑速度图表

After Effects中的图表编辑器可以清晰直观地显示物体运动速度和时间的关系，而且可以自定义调整动画的细节。单击【图表编辑器】按钮即可调出【图表编辑器】面板，如图3-28所示。进入图表后，仔细观察一下，横向的X轴代表时间，纵向的Y轴代表速度。

图3-28

接着进行设置，单击【选择图表类型和选项】按钮，在弹出的子菜单中可以看到很多选项，只需要勾选【编辑速度图表】即可，如图3-29所示。

为动画添加缓动效果可以让动画的开始和结束变得更加平滑。如果要制作先快后慢的运动效果，只需要在缓动效果的基础上调整控制关键帧的手柄即可。单击关键帧就可以看到关键帧的手柄 ，如图3-30所示。

图3-29

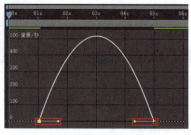

图3-30

将鼠标指针置于第二个关键帧的控制手柄处，按住鼠标左键往左拖曳，如图3-31所示。此时可以看到速率曲线有了坡度上的变化，坡度越陡说明运动速度越快，反之则越慢。与图中"先陡后缓"的速率曲线对应的运动效果就是"先快后慢"，如图3-32所示。

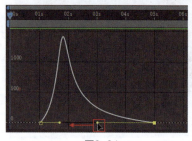

图3-31

图3-32

3.4.3 先慢后快动画

如果要制作先慢后快的运动效果，只需要在缓动效果的基础上，将鼠标指针置于第一个关键帧的控制手柄处，然后按住鼠标左键往右拖曳，如图3-33所示。此时可以看到速率曲线有了坡度上的变化坡度越缓说明运动速度越慢，反之则越快。与图中"先缓后陡"的速率曲线对应的运动效果就是"先慢后快"，如图3-34所示。

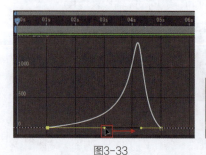

图3-33

图3-34

After Effects+AIGC 视觉特效与合成
——影视+UI动效+MG动画（全彩微课版）

3.4.4 自定义速度动画

　　该如何自定义动画的速度呢？比如制作从慢到快再到慢的效果，同样只需要在缓动效果的基础上，将鼠标指针置于两个关键帧的控制手柄处，分别往右和往左拖曳，让速率曲线形成两边缓、中间陡的形状，如图3-35所示。与图中"先缓后陡再缓"的速率曲线对应的运动效果就是"由慢到快再到慢"，如图3-36所示。

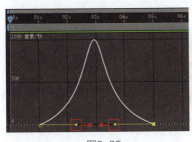

图3-35

先慢　　　　再快　　　　最后慢

图3-36

3.5 定格关键帧

　　添加完关键帧后，在【时间轴】面板中单击选中需要编辑的关键帧，并将光标定位在该关键帧上。单击鼠标右键，在弹出的菜单栏中执行【切换定格关键帧】命令，如图3-37所示，即可将该关键帧切换为定格关键帧。

案例3-1：星星闪烁

　　步骤01：在【项目】面板中导入本案例的素材，并将其拖曳至【时间轴】面板，此时，【合成】画面如图3-38所示。

　　步骤02：在【工具栏】中选中矩形工具 ■，并长按鼠标左键，在弹出的子菜单中单击【星形工具】，如图3-39所示。更改【填充】属性为"黄色"，【描边】选择"无"。接着，在【合成】窗口按住鼠标左键拖曳，就可以绘制一个五角星的形状。

图3-37

图3-38

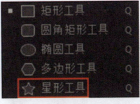

图3-39

　　步骤03：在【时间轴】面板中将【位置】属性参数改为"685，755"，【缩放】属性参数改为"50"，【旋转】属性参数改为"+10"，如图3-40所示。此时，【合成】面板画面如图3-41所示。可以看到，图3-41中最左边的五角星已经被填充上颜色。

图3-40 图3-41

步骤04：接下来，需要给这个有颜色的五角星做关键帧动画。在第0帧的位置分别单击【位置】【缩放】【旋转】属性的 ⏱（【时间变化秒表】）图标，如图3-42所示。

图3-42

步骤05：将光标指针移动到第1秒的位置，将【位置】属性参数改为"803.7，777.5"，【缩放】属性参数改为"60"，【旋转】属性参数改为"+7"，此时，会自动生成第2个关键帧，如图3-43所示。

【合成】面板画面如图3-44所示。

图3-43 图3-44

步骤06：播放动画，可以看到五角星是缓慢移动过去的，而不是跳转过去的，如图3-45所示。如果要在第1秒的时候直接跳转过去，就需要用到【定格关键帧】。

图3-45

步骤07：选中全部关键帧后，单击鼠标右键，在弹出的【菜单栏】中执行【切换定格关键帧】命令，如图3-46所示。此时，可以看到所有关键帧的形状都改变了，如图3-47所示。

图3-46 图3-47

步骤08：现在播放动画，可以看到黄色的五角星直接跳转到第1秒的位置，如图3-48所示。同理，后面的3颗五角星也可以使用同样的方法制作。

After Effects+AIGC 视觉特效与合成
——影视+UI动效+MG动画（全彩微课版）

图3-48

【想一想】

类似的填充跳转动画，除了使用【切换定格关键帧】，还可以使用哪些方法呢？

3.6 漂浮穿梭时间

漂浮穿梭时间指的是匀速化基于空间属性的速度，是调整关键帧速度的方法，具有空间属性。空间距离相同但两个关键帧之间的时间距离不同，势必导致速度不一致，反之亦然。因此，要选中3个及以上的关键帧方可使用。

在图3-49中可以清晰地看到，动画的开始和结束部分的轨迹线非常稀疏，中间部分的轨迹线则比较密集。我们根据轨迹线可以判断该动画是由慢到快再到慢的。其对应的关键帧如图3-50所示。

图3-49

图3-50

如果要让动画平均运动，就需要用到【漂浮穿梭时间】功能。全选所有关键帧，单击鼠标右键，在弹出的子菜单中执行【漂浮穿梭时间】命令，如图3-51所示。可以看到执行该命令后，中间的关键帧已经由菱形 ◆ 变成了圆形 ●，如图3-52所示。此时，观察【合成】面板，就可以看到该动画的轨迹线已经均匀分布，如图3-53所示。

图3-51

图3-52

图3-53

微课视频

步骤01：打开After Effects 新建一个合成，将【合成名称】改为"钟表摆动动画"，【预设】为"HDTV 1080 24"，【宽度】和【高度】分别为"1920px"和"1080px"，【像素长宽比】为"方形像素"，【帧速率】为"24帧/秒"，【持续时间】为"10秒"，如图3-54所示。

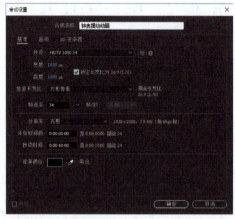

图3-54

步骤02：接下来，需要新建一个纯色的背景。按组合键Ctrl+Y，就会弹出【纯色设置】对话框。将【名称】改为"纯色背景"，其他参数保持默认，如图3-55所示。单击【颜色】下面的色块 █，会弹出【纯色】对话框，我们选择淡黄色的背景，颜色色号为E0D275，如图3-56所示。选择好颜色后，单击【确定】按钮，此时的【时间轴】面板会出现一个新的纯色图层，如图3-57所示。

图3-55

图3-56

图3-57

步骤03：在【项目】面板中导入本案例的素材【钟表】和【摆锤】，并将其按顺序拖曳至

After Effects+AIGC 视觉特效与合成
——影视+UI动效+MG动画（全彩微课版）

【时间轴】面板摆放，如图3-58所示。此时，【合成】面板的画面如图3-59所示。

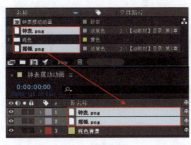

图3-58

图3-59

步骤04：在【时间轴】面板中单击【摆锤】素材将其激活，然后在【工具栏】中使用【向后平移锚点工具】![icon]将它的锚点移动到最上方的位置，如图3-60所示。

图3-60

步骤05：在【时间轴】面板中单击【摆锤】素材将其激活，按R键调出【旋转】属性。将光标放在第一帧的位置，单击添加第一个关键帧，并将【旋转】参数改为"50"，如图3-61所示。

接着，将光标指针移动到第1秒的位置，将【旋转】参数改为"-50"，如图3-62所示。最后将光标指针移动到第2秒的位置，将【旋转】参数改为"50"，如图3-63所示。这样，一次摆动的循环动画就完成了，如图3-64所示。

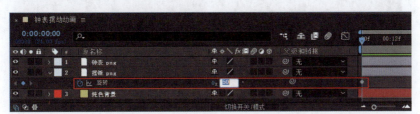

图3-61

图3-62

图3-63

图3-64

步骤06：在【时间轴】面板选中刚才添加的全部关键帧，按键盘上的F9键，将线性关键帧变为缓动关键帧，如图3-65所示。

图3-65

步骤07：在【时间轴】面板中单击【图标编辑器】图标，调出关键帧的速率曲线，如图3-66所示。接着，通过![小手柄]小手柄来调整曲线的形态，让该动画更加平顺自然，如图3-67所示。

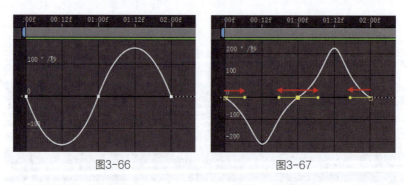

图3-66   图3-67

步骤08：在【时间轴】面板中，将光标放在【旋转】属性前的【时间变化秒表】图标上，然后按住键盘上的Alt键不松手，单击【时间变化秒表】即可调出输入表达式的界面，如图3-68所示。

图3-68

步骤09：单击【表达式语言菜单】按钮，在弹出的子菜单中依次执行【Property】-【LoopOut】命令，如图3-69所示。此时，【时间轴】面板就会出现"循环表达式语言"，如图3-70所示。

After Effects+AIGC 视觉特效与合成
——影视+UI动效+MG动画（全彩微课版）

图3-69 　　　　　　　　　　　　　图3-70

步骤10：播放动画，一个钟摆的循环动画就制作完成了，如图3-71所示。

图3-71

 本章小结

在本章中，我们主要学习了创建关键帧动画的知识，包括关键帧的概念，添加、移动、删除关键帧等基础操作。大家要重点掌握四种关键帧的类型，以及如何调整关键帧的速率曲线。掌握了这些知识后，就可以自由制作常见的动画了。最后，我们通过课堂练习帮助大家更好地理解了速率曲线在体现动画的真实性和平顺性方面的重要作用。

课后大家也需要多多练习，通过为不同的图层添加关键帧动画，使其产生基本的位置、缩放、旋转、不透明度等动画效果。同时，还可以为素材已经添加的效果参数设置关键帧动画，以产生不同的效果。

 【课后习题】制作足球场弹跳小动画

微课视频

模拟制作真实的弹跳动画，如图3-72所示。

该案例的重点是如何让小球从落下到弹起的过程更真实。比如，由于重力影响，小球落下的速度会越来越快、弹起上升的过程会逐渐变慢等。

图3-72

关键步骤提示

01 基础动画。给小球的【位置】和【旋转】参数制作关键帧动画。

02 完善细节。调整关键帧的速率曲线，让动画更加真实流畅。

03 添加素材。根据运动主体添加相关背景图片、音效等。

第 **4** 章 | 抠像与合成特效

4.1 初识抠像与合成

微课视频

4.1.1 什么是抠像

大家都看过科幻电影,如《复仇者联盟》《阿凡达》等,你是否好奇那些科幻场景到底是怎么拍出来的呢?地球上真的存在这样的地方吗?当然不存在。这些科幻电影里的部分场景,其实都是事先拍好了人物画面,如图4-1所示,再把人物单独抠出来,放进提前设计好的科幻场景中合成的。人物在前,场景在后,就变成了我们在电影院里看到的科幻画面了,如图4-2所示。

图4-1

图4-2

4.1.2 抠像的应用场景

抠像的使用范围十分广泛,从录制视频课程的小规模使用,到广告和影视剧制作的大型项目,如图4-3所示,可以完成各个场景的切换。比如,从教室到图书馆再到咖啡厅,甚至可以去马尔代夫旅行,是不是很有趣?

图4-3

4.2 抠像素材的分类

4.2.1 绿幕背景

绿幕的作用就是在绿色的背景上拍摄物体，以便在后期处理时，通过绿色背景这个特殊的色调信息对前景和背景加以区分，从而达到自动去除背景保留前景的目的，这就是俗称的"抠像"。

抠像特效制作一般分为两个步骤。第一步剪辑拍摄：在绿幕背景前拍摄一段视频，如图4-4所示。第二步后期抠像：把这段视频放进After Effects软件里，抠出人物并将其置于新的背景画面，如图4-5所示。

图4-4   图4-5

在前期拍摄时，需要准备一个绿色或蓝色的背景（在网上有很多简易的装备可以轻松实现）。接下来给大家推荐几种常见的抠像背景。

第一种：便携式可折叠的绿幕。其优点是小巧轻便，特别适合在室外进行小范围移动拍摄，如图4-6所示。

第二种：带支架的绿幕。它的适用范围比第一种大一些，支架的高度和宽度可以根据场地和绿幕的大小自由调整，如图4-7所示。

图4-6   图4-7

第三种：电动背景轴加绿幕纸。它的优点是干净整洁，可以随时替换不同的背景颜色且场景固定，比较适合影楼、工作室等。当然，它的预算会稍高一些。这种抠像背景如图4-8所示。

图4-8

搭建好绿幕场景进入拍摄环节时，需要注意以下几个细节。

注意事项1：绿幕需要平整。如果绿幕有褶皱，当光打过来时，褶皱的地方会产生不同程度的阴影。这会给后期处理造成一定的影响，如图4-9所示。

注意事项2：保证光源照射的均匀性，否则，绿幕上也会产生阴影，如图4-10所示。

注意事项3：保持人物与绿幕背景的距离。人物和绿幕之间不能贴得太近，因为人物的肤色和衣服的边缘容易反射绿色光线，尤其是白色衣服更加明显。如果人物的边缘无法跟绿色背景有明显区分，那么在后期抠像时，就容易把人物的边缘抠掉。

注意事项4：服装或道具切勿与背景颜色一致或相近，否则，在后期抠像时，容易一起抠掉，如图4-11所示。

图4-9

图4-10

图4-11

 知识拓展

如果真的不凑巧，道具本身就是绿色的该怎么办呢？

除了绿色幕布，还可以用蓝色幕布拍摄，如图4-12所示。这两种颜色背景都能在After Effects软件中被轻松抠掉。

如果穿了绿色的衣服，就不能在绿幕前拍摄，因为在后期处理的时候，绿色的衣服会随着绿幕一起被抠掉，但是在蓝色幕布前拍摄就不会被扣掉。蓝色亦然。

图4-12

小提示　当然，如果人物的服装没有限制的话，还是更推荐绿幕，因为绿幕的颜色更加明亮，不需要做复杂的灯光设计，能够降低制作成本，而且摄像机对绿色信息更加敏感，抠出来的人物画面的边缘不易产生黑边，效果更好。

4.3　抠除白色背景

微课视频

4.3.1 使用"提取"效果

在【项目】面板中导入一段白色背景的视频素材，并将其拖入【图层】面板，此时，【合成预览】面板的画面如图4-13所示。

单击上方【菜单栏】的【效果】按钮，在弹出的下拉菜单中执行【抠像】-【提取】命令，如图4-14所示。

After Effects+AIGC 视觉特效与合成
——影视+UI动效+MG动画（全彩微课版）

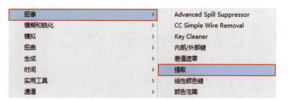

图4-13　　　　　　　　　　　　　　　　图4-14

调整【直方图】下的滑块，如图4-15所示，直到画面中的白色消失不见，如图4-16所示。

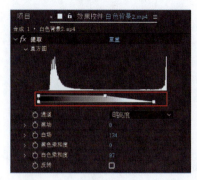

图4-15　　　　　　　　　　　　图4-16

4.3.2　使用"颜色范围"效果

在【项目】面板中导入一段白色背景的视频素材，并将其拖入【图层】面板。此时，【合成预览】面板的画面如图4-17所示。

单击【菜单栏】上的【效果】按钮，在弹出的下拉菜单中执行【抠像】-【颜色范围】命令，如图4-18所示。

图4-17　　　　　　　　　　　　　　　　图4-18

在【效果控件】面板中使用【吸管工具】单击画面中的白色部分，如图4-19所示。此时，画面中的白色背景就被抠除了，如图4-20所示。

图4-19　　　　　　　　　　　　图4-20

4.3.3 使用"线性颜色键"效果

在【项目】面板中导入一段白色背景的素材，并将其拖入【图层】面板，此时，【合成预览】面板的画面如图4-21所示。

单击上方【菜单栏】的【效果】按钮，在弹出的下拉菜单中执行【抠像】-【线性颜色键】命令，如图4-22所示。

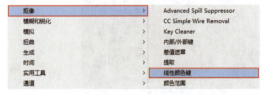

图4-21　　　　　　　　　　　　　　　　　　图4-22

在【效果控件】面板中使用【吸管工具】单击画面中的白色部分，如图4-23所示。此时，画面中的白色背景就被抠除了，如图4-24所示。

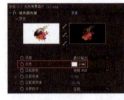

图4-23　　　　　　　　　　　图4-24

4.3.4 改变"混合模式"

在【项目】面板中导入两张图片，如图4-25所示，并将其按顺序拖曳至【图层】面板，如图4-26所示。

图4-25　　　　　　　　　　　　　　　　　　图4-26

将混合上层【枯树枝】的【混合模式】改为【相乘】，如图4-27所示。此时，可以看到上层素材背景的白色被抠除了，如图4-28所示。

图4-27　　　　　　　　　　　图4-28

After Effects+AIGC 视觉特效与合成
——影视+UI动效+MG动画（全彩微课版）

4.4 抠除黑色背景

在【项目】面板中导入一段黑色背景素材，并将其拖入【图层】面板，此时，【合成预览】面板的画面如图4-29所示。

单击上方【菜单栏】的【效果】按钮，在弹出的下拉菜单中执行【通道】-【转换通道】命令，如图4-30所示。

图4-29　　　　　　　　　　　图4-30

在【效果控件】面板中将【获取Alpha】改为【明亮度】，如图4-31所示，此时，画面中的黑色背景就被抠除了，如图4-32所示。

图4-31　　　　　　　　　　　图4-32

观察画面，可以看到虽然大部分黑色背景被抠除了，但是烟雾素材也变成了半透明，所以，接下来要将烟雾素材还原。

单击上方【菜单栏】的【效果】按钮，在弹出的下拉菜单中执行【颜色校正】-【曲线】命令，如图4-33所示。

在【效果控件】面板中将【通道】改为【Alpha】，并将该条曲线调整成图4-34所示的样子，此时，【合成预览】面板的画面如图4-35所示。抠除效果是比较好的。

图4-33　　　　　　　　图4-34　　　　　　　　图4-35

4.5 抠除绿幕背景

微课视频

4.5.1 使用"颜色范围"抠像

在【项目】面板中导入一段带有绿幕背景的素材，并将其拖入【图层】面板，如图4-36

所示。此时，【合成预览】面板的画面如图4-37所示。

图4-36　　　　　　　　　　　　　　　图4-37

　　观察画面，可以看到人物背景就是一整块绿幕。在前面我们学习了如何用"颜色范围""线性颜色键"抠除白色和黑色背景，现在可以分别添加这两个效果来试一下，如图4-38和图4-39所示。

图4-38

图4-39

　　我们可以看到，图4-38和图4-39中的画面出现了两个极端情况。如果使用"颜色范围"进行抠像，人物周围的绿幕并不能被完全抠除；如果使用"线性颜色键"进行抠像，抠像效果就会太过，人物的身体部分也被抠除了。那么该如何操作呢？这就需要用到软件自带的专业绿幕抠像效果器Keylight（1.2）了。

4.5.2　Keylight（1.2）插件详解

　　单击上方【菜单栏】的【效果】按钮，在弹出的下拉菜单中执行【Keying】-【Keylight（1.2）】命令，此时，就可以在【效果控件】面板中看到该效果的主界面，如图4-40所示。由于参数比较复杂，下面，我们对高频功能进行详细介绍。

After Effects+AIGC 视觉特效与合成
——影视+UI动效+MG动画（全彩微课版）

图4-40

【Screen Colour】：意思是"屏幕颜色"，可以通过后方的【吸管工具】 吸取要抠除的部分，如图4-41所示。

图4-41

【Final Result】：展开后面的"小三角" 图标，可以选择不同的预览模式，其中最常用的就是【Screen Matte】，如图4-42所示。切换到这种预览模式，可以看到我们要保留的人物部分变成了白色，去除的背景则变成了黑色，这就是常说的"黑遮白显"。观察画面，可以看到黑色和白色并不纯粹，该如何解决这一问题呢？

图4-42

展开【Screen Matte】前面的"小三角" 图标，调整【Clip Black】和【Clip White】的参数，如图4-43所示。此时，画面中就只剩下黑色和白色了。

图4-43

【Clip Black】：修剪黑色的意思，数值越大，画面中的黑色部分就会越大，也就是被抠除了。

【Clip White】：修剪白色的意思，数值越大，画面中的白色部分就会越大，也就是被保留了。

4.5.3 Key Cleaner（抠像清除）

观看画面可以看到，人物主体的边缘部分还是有些粗糙，尤其是头发边缘的部分，那么，该如何让它变得平滑一些呢？

单击上方【菜单栏】的【效果】按钮，在弹出的下拉菜单中执行【抠像】-【Key Cleaner】命令，如图4-44所示。

在【效果控件】面板中将【Key Cleaner】中的【减少震颤】后面的对勾选上，如图4-45所示。此时，可以很明显地看到人物头发的边缘部分变得平滑了，如图4-46所示。

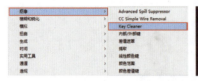

图4-44　　　　　　　　　图4-45　　　　　　　　　图4-46

4.5.4 Advanced Spill Suppressor（高级溢出抑制器）

这个效果是用来解决人物脸部或衣服边缘反射绿色光线的问题的。我们在前面讲过，在拍摄绿幕素材时，人物距离绿幕的背景不能太近，否则会反射绿色光线，尤其是白色衣服更明显。

单击上方【菜单栏】的【效果】按钮，在弹出的下拉菜单中执行【抠像】-【Advanced Spill Suppressor】命令，如图4-47所示。

图4-47

在【效果控件】面板中将【Advanced Spill Suppressor】中的【方法】改为"极致"，下方【抠像颜色】改为"绿色"。如果素材是用蓝幕拍摄的，那么只需单击后方的"拾色器色块" ，将颜色改为"蓝色"即可，如图4-48所示。

经过以上几个步骤，绿幕背景就被抠除干净了。最后，只需要在人物后面放上其他背景素材即可，如图4-49所示。

图4-48　　　　　　　　　　　　　　　　　图4-49

在前面，我们学习了如何抠除白色背景、黑色背景，以及绿幕背景，如图4-50所示。之前的这些素材背景相对简单而且是静态的，那么，如果所用的素材背景复杂而且是动态的，我们又该如何将其抠除呢？

白色背景

黑色背景

绿幕背景

图4-50

此时，就需要用到【Roto笔刷工具】了。【Roto笔刷工具】可以智能识别并贴合物体的边缘，在没有绿幕背景的情况下，也可以将我们想要的物体从复杂的背景中剥离出来，这个就是【Roto笔刷工具】的优势，如图4-51所示。

图4-51

微课视频

4.6 抠除动态视频背景

4.6.1 【Roto笔刷工具】详解

【Roto笔刷工具】必须在图层中使用。使用方法如下。

方法1：在【图层】面板中双击素材，即可在【合成】面板中打开该图层，如图4-52所示。

方法2：在【合成】面板中直接双击该素材，也可以在【合成】面板的旁边打开该图层，如图4-53所示。

在使用该工具前，一定要保证画面的预览分辨率为"完整"，如图4-54所示。

图4-52

图4-53

图4-54

【Roto笔刷工具】的组合键为Alt+W。使用该工具，可以快速将画面中想抠除的主体和背景分离出来。在【图层】面板中双击素材，在【合成】面板中打开该图层，在【菜单栏】中将光标放在【Roto笔刷工具】的图标 ![] 上，并长按鼠标左键，在弹出的子菜单中单击【Roto笔刷工具】图标，光标就会变成带"+"号的绿色圆圈 ![]。

此时，只需要按住鼠标左键，在需要抠除的主体画面上进行涂抹，就可以将选中的范围变成绿色。涂抹完毕后松开鼠标左键，就可以将需要剥离的画面用紫色线条选中，如图4-55所示。

我们看到的紫色线条选中的部分就是软件根据绿色线条涂抹出的范围，自动识别后抠出的区域。再次切回【合成】面板，即可看到最终效果，如图4-56所示。

图4-55　　　　　　　　　　　　　　　　　　　　　　　图4-56

4.6.2　如何增加选区

从画面中可以看到，软件初次识别的范围并不是很准确（人物的"右手臂"没有被选中），那么该如何增加选区呢？

只需要再次进入【图层】面板，使用【增加选区】工具 ![] 将需要增加的部分再次进行补充涂抹即可。通过这样的方式，就可以自定义增加选区了，如图4-57所示。

4.6.3　如何删除选区

从画面中可以看到，由于人物裤子的颜色和地面的颜色比较接近，所以多选了一些地面上的元素，那么该如何删除选区呢？

进入【图层】面板后，按住键盘上的Alt键不松手，可以看到光标变成了 ![]。此时，按住鼠标左键进行涂抹，画面中会出现红色区域，该区域就是需要被删除的选区，如图4-58所示。

图4-57　　　　　　　　　　　　　　　　　　图4-58

4.6.4　【调整边缘工具】详解

【调整边缘工具】的组合键为Alt+W。使用该工具可以快速调整主体的边缘区域，尤其是头发部分。将光标放在【菜单栏】的【Roto笔刷工具】的图标 ![] 上，并长按鼠标左键，在弹出的子菜单中单击【调整边缘工具】 ![调整边缘工具 Alt+W]，光标就会变成带"+"号的紫色圆圈 ![]。

此时，只需要按住鼠标左键不松手，在需要调整边缘的部分进行涂抹，就可以快速选中该部分区域，如图4-59所示。

After Effects+AIGC 视觉特效与合成
——影视+UI动效+MG动画（全彩微课版）

对于被选中的部分，软件会自动将边缘和背景分离得更加细致。回到主【合成】面板后放大画面观察，可以很明显地看到在红色方框内使用【调整边缘工具】后的画面，发丝部分过渡得更加平顺柔和，如图4-60所示。

图4-59

使用前　　　　　　　使用后

图4-60

4.6.5 分区解算法

因为素材是动态的，所以接下来要保证每一帧画面都要准确选中主体，【Roto笔刷工具】也带有自动解算功能。

在第一帧使用【增加选区】和【删除选区】就可以准确选出需要的主体。此时，只需要按下键盘上的空格键进行播放，软件就会自动识别并追踪画面主体，直到最后一帧。观看底部的灰色进度条，当追踪完毕后它会变成绿色，如图4-61所示。

图4-61

此时播放观察，可以看到有些软件自动识别区域出现了偏差，那么该如何调整呢？只需要滑动光标指针找到识别错误的位置，使用【增加选区】或【删除选区】重新调整选区即可，如图4-62所示。在刚才调整的位置，会自动生成一个关键帧来记录选区的变化，如图4-63所示。通过这种方式，就可以在每一帧中准确选出需要的主体。

图4-62

图4-63

技巧1：分区解算法

如果需要抠像的素材时长比较长，那么软件一次性解算的压力是比较大的。此时，可以拖动底部的进度条，将它分为多个区域单独解算，如图4-64所示。这样软件的压力会小很多。

图4-64

技巧2：调整笔刷大小

在增加或删除选区时，有的时候需要精确控制笔刷的大小，该如何调整呢？

调大笔刷：按住键盘上的Ctrl键和鼠标左键不松手，向右拖动即可将笔刷调大。

调小笔刷：按住键盘上的Ctrl键和鼠标左键不松手，向左拖动即可将笔刷调小。

4.6.6 自制绿幕特效素材

微课视频

通过上述方法，我们就可以抠除动态的视频背景了。因为背景被抠除后，就变成了透明的，所以可以自定义地为它替换背景。网络平台上常见的搞笑绿幕特效素材，就是通过这种方式抠除的，如图4-65所示。学会了使用【Roto笔刷工具】抠像后，我们就可以制作这样的绿幕素材了。

图4-65

案例4-1：抠除猫咪背景

步骤01： 按住鼠标左键在【项目】面板中将素材拖曳至【图层】面板，如图4-66所示。此时，【合成预览】面板的画面如图4-67所示。

图4-66　　　　　　　　　　　　　　图4-67

步骤02： 在【合成预览】面板中双击素材进入【图层】面板，并使用【Roto笔刷工具】
对需要保留的画面主体进行涂抹。此时，软件会自动识别选中的区域，如图4-68所示。然后使用【删除选区工具】删除多余的画面，只保留画面主体，如图4-69所示。

图4-68　　　　　　　　　　　　　　　　　　　图4-69

步骤03： 使用【调整边缘工具】对猫咪的胡须和身体边缘进行涂抹，如图4-70所示。这样，可以准确地将主体边缘的毛发选中。

图4-70

步骤04： 按播放键，对整个画面进行自动跟踪识别后切回【合成】面板，如图4-71所示。可以看到画面中的主体——猫咪被抠出来了。

步骤05： 给猫咪添加一个绿色的背景。按组合键Ctrl+Y，在弹出的【纯色设置】对话框中将【名称】改为绿色背景，然后单击下面的"拾色器色块" ，如图4-72所示。此时，在弹出的对话框中将颜色改为"绿色"，也就是将【RGB】的数值分别改为"0""255""0"，如图4-73所示。

图4-71

步骤06： 确定好颜色之后，【图层】面板中就多了一个纯色图层，最后只需按住鼠标左键将该图层拖曳至视频素材的下方即可，如图4-74所示。

图4-72　　　　　　　　图4-73　　　　　　　图4-74

这样，就把一个带有复杂背景的主体画面抠了出来，并将它保存成绿幕素材，如图4-75所示。

有了这个素材，我们就可以通过之前课程中学习的【Keylight（1.2）】工具将绿幕抠掉，并合成在各个场景中了，如图4-76所示。

图4-75　　　　　　　　　　　　　　　图4-76

4.7 抠除威亚、钢丝、电线等

微课视频

本节，我们来学习CC Simple Wire Removal效果。这个效果主要用于抠除威亚、钢丝、电线等物体，通过Point A和Point B两个端点来定位，如图4-77和图4-78所示。

图4-77

图4-78

案例4-2：抠除电线

步骤01： 在【项目】面板中导入案例素材，并将其拖入【图层】面板，如图4-79所示。此时，【合成预览】面板的画面如图4-80所示。

图4-79

图4-80

步骤02： 播放素材，观察发现，画面中需要抠除的电线是动态的，这就需要我们能够准确地跟踪画面。在【跟踪器】面板中单击【跟踪运动】，如图4-81所示。此时，【合成预览】面板会自动跳转到该【图层】，并出现第一个跟踪点，如图4-82所示。

图4-81

图4-82

步骤03： 在"跟踪点1"处按住鼠标左键进行拖动，将其准确移至电线的一端，为【跟踪器1】如图4-83所示。将光标指针放在第一帧的位置，然后回到【跟踪器】面板，单击【向前分析】按钮 ▶，如图4-84所示。软件就会自动识别画面信息，并牢牢地将跟踪点锁定在电线的一端。

图4-83

图4-84

步骤04： 再次单击【跟踪运动】，会出现第二个跟踪点，同样按住鼠标左键拖动，将它移

After Effects+AIGC+UI动效+MG动画 视觉特效与合成
——影视+UI动效+MG动画（全彩微课版）

至电线的另一端，如图4-85所示。然后，回到【跟踪器】面板，单击【向前分析】按钮▶，将"跟踪点2"牢牢绑定在电线的另一端，为【跟踪器2】。

图4-85

步骤05： 在【图层】面板中单击鼠标右键，执行【新建】-【空对象】命令，如图4-86所示。然后在【图层】面板中将空对象复制一份，分别命名为"左端点"和"右端点"，如图4-87所示。

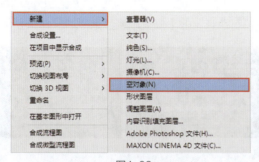

图4-86

图4-87

步骤06： 回到【跟踪器】面板，选择【跟踪器1】后单击【编辑目标】，如图4-88所示。此时会弹出【运动目标】对话框，【图层】选择"左端点"后单击【确定】按钮，如图4-89所示。再次回到【跟踪器】面板，单击【应用】按钮，如图4-90和图4-91所示。

图4-88

图4-89

图4-90

图4-91

步骤07：用同样方法将空对象"右端点"也绑定在"跟踪点2"上，如图4-92所示。此时观察【图层】面板，可以看到空对象"左端点"和"右端点"后面出现了很多关键帧，这些空对象上的关键帧就是从素材上的跟踪点复制过来的，如图4-93所示。

图4-92　　　　　　　　　　　　　　　　　　图4-93

步骤08：单击上方【菜单栏】的【效果】按钮，在弹出的下拉菜单中执行【抠像】-【CC Simple Wire Removal】命令，如图4-94所示。

在【图层】面板中按住鼠标左键，拖动Point A后面的【属性关联性器】，将它链接到空对象"左端点"的【位置】属性上，如图4-95所示。同理，按住鼠标左键拖动Point B后面的【属性关联性器】，将它链接到空对象"右端点"的【位置】属性上，如图4-96所示。

图4-94　　　　　　　　　　图4-95　　　　　　　　　　图4-96

步骤09：在【效果控件】面板中将"Thickness"（厚度）参数改为"20"，"Slope"（坡度）参数改为"50"，"Mirror Blend"（镜像混合）参数改为"60"，如图4-97所示。

此时，播放动画可以看到，即使素材是动态的，画面中的电线也被抠除了，如图4-98所示。

图4-97　　　　　　　　　抠除前　　　　　　　　　抠除后

图4-98

4.8 【课堂练习】如何通过抠像合成天空

微课视频

步骤01：在【项目】面板中导入课堂练习素材，并将其拖入【图层】面板，如图4-99所示。此时，【合成预览】面板的画面如图4-100所示。

After Effects+AIGC 视觉特效与合成
影视+UI动效+MG动画（全彩微课版）

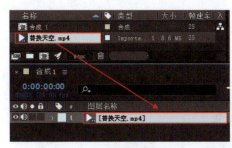

图4-99 图4-100

步骤02：在【菜单栏】面板中单击【效果】按钮，执行【Keying】-【Keylight（1.2）】命令，在【效果控件】面板中使用【吸管工具】 ➡️ 在画面中吸取天空的蓝色部分，如图4-101所示。

图4-101

步骤03：在【项目】面板中导入天空素材，并将其拖入【图层】面板放在"替换素材"的下方，如图4-102所示。此时，【合成预览】面板的画面如图4-103所示。

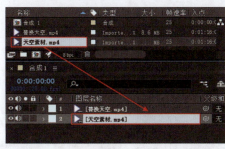

图4-102 图4-103

此时，原本的天空就被新的蓝天白云替换掉了。一般的抠像合成到这一步就结束了，但播放素材时发现画面主体是晃动的，而我们替换的背景并没有跟随移动，这样就会显得整个合成效果很假。那该怎么解决呢？

步骤04：首先在【跟踪器】面板中单击【跟踪运动】，如图4-104所示。然后按住鼠标左键拖动，把跟踪点移动到画面主体部分，如图4-105所示。将光标指针放在第一帧的位置，在【跟踪器】面板中单击【向前分析】按钮 ▶。当软件自动跟踪完成后，单击【编辑目标】，如图4-106所示。在弹出的【运动目标】对话框中将【图层】面板选择为天空素材，如图4-107所示。

最后单击【应用】按钮，如图4-108所示。在弹出的【动态跟踪器应用选项】对话框中选择"X和Y"即可，如图4-109所示。

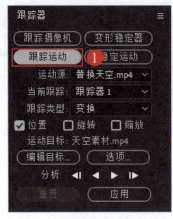

图4-104　　　　　　　　　　　　　图4-105

图4-106

图4-107　　　　　　　　图4-108　　　　　　　　图4-109

　　此时，可以在【图层】面板中看到【天空素材】的位置属性和"跟踪点"一样，如图4-110所示。这样画面主体和替换的天空背景就能够同步移动了，合成效果看起来就会更加真实。

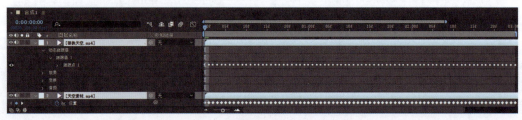

图4-110

After Effects+AIGC 视觉特效与合成
——影视+UI动效+MG动画（全彩微课版）

4.9　本章小结

本章主要学习了抠像与合成特效。

首先，我们知道了什么是抠像与合成及其常见的应用场景，如微课录制、电视和电影制作等。

其次，我们了解了抠像素材的分类，以及前期拍摄的注意事项。在抠像实操部分，我们学习了如何抠除白色背景和黑色背景，重点学习了如何抠除绿幕背景。在面对复杂的动态视频背景时，我们学会了如何使用【Roto笔刷工具】分离主体和背景。

最后，我们通过课堂练习，完整复盘了抠像方法，并简单了解了【跟踪】功能。

4.10　【课后习题】天使的翅膀合成特效

微课视频

如图4-111所示，本案例的重点就是在人物和背景之间添加翅膀的元素，所以重点就是分离主体和背景，也就是抠像。然后将抠除的主体与新的背景重新组合。

图4-111

关键步骤提示

01 抠除画面主体。使用【Roto笔刷工具】进行动态抠像，将背景主体分离。

02 添加翅膀素材。使用【Keylight（1.2）】工具抠除绿幕背景。

03 合成素材。调整图层顺序，将翅膀置于人物身后，并匹配大小、位置。

第 **5** 章 | 蒙版与轨道遮罩

5.1 初识蒙版

从本章节开始，我们开始学习有关蒙版与轨道遮罩的知识。

蒙版的原理很简单，其实就是在图层上覆盖一层遮罩，通过调整蒙版的形状、不透明度等，来控制其显示范围和混合比例，可以把它理解为"裁剪"功能的高级用法。

遮罩可以是任何形状，可以是圆形、矩形、多边形等单个图形，也可以是由多个图形组成的复杂图形或者自己绘制的图形，如图5-1所示。

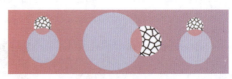

图5-1

5.2 绘制蒙版工具

微课视频

如何在After Effects 中绘制蒙版呢？我们需要用到5种工具，分别是矩形工具、圆角矩形工具、椭圆工具、多边形工具、星形工具。

5.2.1 矩形工具

■:【矩形工具】。在【时间轴】面板中导入素材后，单击素材将其激活。在【工具栏】中单击■图标，然后在【合成】面板中按住鼠标左键拖曳，即可绘制矩形蒙版。从图5-2中可以看到，原本全屏的画面，在绘制蒙版后，只显示蒙版范围内的画面。

图5-2

此时，可以在【图层】面板中看到一个"蒙版"选项，如图5-3所示。单击【反转】属性，可以看到原本有画面的部分消失了，如图5-4所示。

图5-3   图5-4

需要注意的是，画面中的黑色并不是真正的黑色，而是透明图层。单击▨图标，可以更明了地观察到这一点，如图5-5所示。

图5-5

此时，在【图层】面板中导入一张图片放在它的下方，如图5-6所示。可以看到刚才的黑色区域露出了第2张图片的内容，如图5-7所示。

图5-6   图5-7

5.2.2   圆角矩形工具

■圆角矩形工具：在【时间轴】面板中导入素材后，单击素材将其激活。在【工具栏】中单击■图标，然后在【合成】面板中按住鼠标左键拖曳，即可绘制圆角矩形蒙版，如图5-8所示。

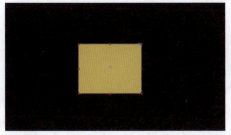

图5-8

5.2.3 椭圆工具

■ 椭圆工具：在【时间轴】面板中导入素材后，单击素材将其激活。在【工具栏】中单击■图标，然后在【合成】面板中按住鼠标左键拖曳，即可绘制椭圆形蒙版，如图5-9所示。

🖱 知识拓展

如何绘制正圆形蒙版？

如果要绘制正圆形蒙版，我们只需要在绘制椭圆形蒙版的基础上，按住键盘上的Shift键不松手，同时拖动鼠标就可以了，如图5-10所示。

图5-9 图5-10

5.2.4 多边形工具

■ 多边形工具：在【时间轴】面板中导入素材后，单击素材将其激活。在【工具栏】中单击■图标，然后在【合成】面板中按住鼠标左键拖曳，即可绘制多边形蒙版，如图5-11所示。

5.2.5 星形工具

■ 星形工具：在【时间轴】面板中导入素材后，单击素材将其激活。在【工具栏】中单击■图标，然后在【合成】面板中按住鼠标左键拖曳，即可绘制多边形蒙版，如图5-12所示。

图5-11 图5-12

5.3 自定义绘制蒙版形状

上述的五种形状是软件自带的，但在实际工作中，需要绘制的形状会更复杂，因此我们要学会使用钢笔工具组，以自定义绘制蒙版的形状。

钢笔工具组包括■钢笔工具、■添加"顶点"工具、■删除"顶点"工具、■转换"顶点"工具、■蒙版羽化工具等，如图5-13所示。

After Effects+AIGC 视觉特效与合成
——影视+UI动效+MG动画（全彩微课版）

5.3.1 钢笔工具

✏ 钢笔工具：可以用来绘制任意蒙版形状。在【时间轴】面板中选中素材后，在【工具栏】中使用【钢笔工具】，在【合成】面板中找到需要绘制蒙版的位置，依次单击鼠标左键定位蒙版顶点，如图5-14所示。当顶点首尾相连时则完成蒙版的绘制，得到自定义的蒙版形状，如图5-15所示。

图5-13

图5-14

图5-15

🖱 知识拓展

如何使蒙版路径更加圆滑？

观察刚才绘制的蒙版可以看到，边缘部分比较生硬，不能完美贴合"爱心"的边缘，那么该如何解决呢？

绘制蒙版的时候，在添加一个顶点后按住Alt键拖动，即可拖曳出一个控制手柄 ，如图5-16所示。此时，可以通过控制手柄的倾斜程度，来调整蒙版的路径，直到蒙版闭合，就能够得到一个很平滑的蒙版，如图5-17所示。

图5-16

图5-17

5.3.2 添加"顶点"工具

✏ 添加"顶点"工具：可以为蒙版路径添加控制点，以便更加精细地调整蒙版形状。

在【时间轴】面板中选中素材后，在【工具栏】中选择✏工具，然后将光标定位在画面中蒙版路径的合适位置，当光标变为【添加"顶点"工具】时，单击鼠标左键为此处添加顶点，如图5-18所示。

图5-18

5.3.3 删除"顶点"工具

✏️删除"顶点"工具：可以为蒙版路径减少控制点。

在【时间轴】面板中选中素材后，在【工具栏】中选择✏️工具，然后将光标定位在画面中蒙版路径需要删除的"顶点"上。当光标变为【删除"顶点"工具】时，单击鼠标左键，如图5-19所示。此时，刚才选中的顶点就被删除了，如图5-20所示。

图5-19　　　　　　　　　　　　　图5-20

5.3.4 转换"顶点"工具

▷转换"顶点"工具：可以使蒙版路径的控制点变得更加平滑或硬转角。

在【时间轴】面板中选中素材后，在【工具栏】中选择▷工具，然后将光标定位在画面中蒙版路径需要改变的"顶点"上。当光标变为【转换"顶点"工具】时，单击鼠标左键，即可将硬转角顶点变为平滑的顶点，如图5-21所示。相反，也可以将平滑的顶点变为硬转角的顶点，如图5-22所示。

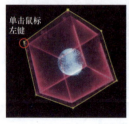
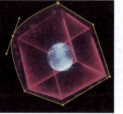
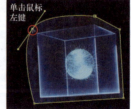

图5-21　　　　　　　　　　　　　图5-22

5.3.5 蒙版羽化工具

▨蒙版羽化工具：可以调整蒙版边缘的柔和程度。

在【时间轴】面板中选中素材后，选中素材下的【蒙版】-【蒙版1】，在【工具栏】中选择▨工具。然后，在【合成】面板中将光标移动到蒙版路径上，按住鼠标左键并拖曳即可柔化当前蒙版。

将光标定位在【合成】面板中的蒙版路径上，按住鼠标左键向蒙版外侧拖曳，可使蒙版羽化的效果作用于蒙版外的区域，如图5-23所示。按住鼠标左键向蒙版内侧拖曳，可使蒙版羽化的效果作用于蒙版内的区域，如图5-24所示。

After Effects+AIGC 视觉特效与合成
——影视+UI动效+MG动画（全彩微课版）

图5-23　　　　　　　　　　图5-24

5.4　与蒙版相关的属性

微课视频

为图像绘制蒙版后，在【时间轴】面板中打开素材图层下方的【蒙版】-【蒙版1】，即可设置相关参数，调整蒙版效果，如图5-25所示。

图5-25

蒙版属性显示快捷键为M。按一下M键，显示蒙版路径，连续按两下M键即可显示蒙版的所有属性。

■ 蒙版1：在【合成】面板中绘制多个蒙版，如图5-26所示。此时就会在【时间轴】面板的素材下按照蒙版绘制顺序自动生成蒙版序号，如图5-27所示。

图5-26　　　　　　　　　　图5-27

■ 蒙版颜色：单击模板前面的色块，可以弹出【蒙版颜色】对话框，如图5-28所示。在该面板中可以随时更改蒙版路径的颜色。

图5-28

 模式：展开【模式】之后可以看到"相加""相减""相乘""交集""变亮""变暗""差值"这6种模式，如图5-29所示。其中最常用的是"相加"和"相减"，如图5-30所示。

模式：相加

模式：相减

图5-29

图5-30

 反转：勾选此选项可反转蒙版效果，如图5-31所示。

未勾选【反转】

勾选【反转】

图5-31

【蒙版路径】：单击【蒙版路径】后方的"形状"，可以在弹出的【蒙版形状】面板中设置蒙版定界框的形状，如图5-32所示。

【蒙版羽化】：主要用于调整蒙版边缘的柔和程度。羽化值为"0、100、300"的对比效果，如图5-33所示。

羽化值：0

羽化值：100

羽化值：300

图5-32

图5-33

【不透明度】：主要用于调整画面的透明程度。图5-34为蒙版不透明度"30%"和"70%"的对比效果。

【蒙版扩展】：主要用于调整蒙版的大小。蒙版扩展为"50、300"的对比效果如图5-35所示。

透明度：30%

透明度：70%

蒙版扩展：50

蒙版扩展：300

图5-34

图5-35

After Effects+AIGC 视觉特效与合成
——影视+UI动效+MG动画（全彩微课版）

5.5 多个蒙版的混合

在实际制作过程中，我们会用到多个蒙版的混合，如图5-36所示。画面中有"圆形蒙版"和"矩形蒙版"，在【时间轴】面板中也能看到对应名称，如图5-37所示。

图5-36   图5-37

可以看到两个蒙版的【模式】都是"相加"，如果将【蒙版2】的【模式】改为"相减"，如图5-38所示。此时，【合成】面板的画面如图5-39所示。

图5-38   图5-39

在更改了两个蒙版的混合模式后，就能得到不同的画面。通过这个原理，再结合蒙版的【反转】、不同蒙版的形状和位置等，就可就组合出各种各样的图形了。

比如，使用蒙版工具在【合成】面板中分别绘制一个正圆和椭圆，如图5-40所示。接着将【蒙版2】的【模式】改为"相减"，如图5-41所示。这样，就可以创造一个月亮的形状，如图5-42所示。对于更多更复杂的形状图形，大家可以举一反三，自行练习。

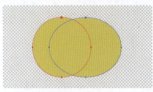 

图5-40   图5-41   图5-42

5.6 轨道遮罩

微课视频

轨道遮罩通过利用某个轨道上的素材作为遮罩图层，来决定画面中哪些部分显示，哪些部分隐藏。

如果要在After Effects中启用【轨道遮罩】至少要有2个图层。上方图层作为"遮罩素材"，通过它的Alpha信息或亮度信息来显示下方图层的画面，如图5-43所示。此时，只需要展开【TrKMat】下的小三角 ，就可以看到轨道遮罩的选项，主要分为【Alpha遮罩】和【亮度遮罩】，如图5-44所示。

图5-43　　　　　　　　　　　　　　　　　　　　　　　　图5-44

Alpha代表透明信息，用黑、白、灰3种颜色来展示。白色代表不透明，灰色代表半透明，黑色代表透明。

在【时间轴】面板中导入图片素材，如图5-45所示。此时，【合成】面板画面如图5-46所示。

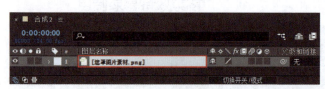

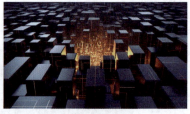

图5-45　　　　　　　　　　　　　　　　　图5-46

然后将另一张带有Alpha信息的遮罩素材放在它的上方，如图5-47所示。

此时，【合成】面板画面如图5-48所示。可以看到原本的画面被上方素材盖住了，只能看到"Alpha"这几个字。

图5-47　　　　　　　　　　　　　　　　图5-48

为什么会出现这种情况呢？我们来看一下第二张图片的Alpha信息（黑、白、灰），如图5-49所示。它就是一张黑白色的图片，白色代表不透明、黑色代表透明。既然"黑色"代表透明信息，那么自然就可以透过"Alpha"这几个字看到下方画面的内容了。

Alpha

图5-49

同理，也可以切换【Alpha反转遮罩】。这里做一个汇总展示，让大家看得更直观一些，如图5-50所示。

After Effects+UI动效+MG动画 视觉特效与合成
——影视+UI动效+MG动画（全彩微课版）

原始素材

带有Alpha信息的素材

切换【Alpha遮罩】后

原始素材

带有Alpha信息的素材

切换【Alpha反转遮罩】后

图5-50

🖱 知识拓展

　　如何知道素材是否带有Alpha信息?

　　要判断一个素材是否带有Alpha信息,只需要将素材导入After Effects的【合成】面板,并将【切换透明网格】▣点亮激活。如果画面中产生了透明网格,就表明该素材是带有Alpha信息的。相反,如果画面中没有产生透明网格,则表明该素材是不带Alpha信息的,如图5-51所示。

带Alpha信息　　　　　　　　不带Alpha信息

图5-51

5.6.2 亮度遮罩

　　亮度遮罩指的是通过素材的明暗程度来显示图像,不需要素材带有Alpha信息,只需要有明暗信息即可。暗部为透明,灰色为半透明,亮部为不透明,如图5-52所示。

[暗部为透明]　　　　　　[灰色为半透明]　　　　　　[亮部为不透明]

图5-52

在【时间轴】面板中导入图片素材，如图5-53所示。此时，【合成】面板画面如图5-54所示。

图5-53　　　　　　　　　　　　　　　　　图5-54

接着，将另一张黑白渐变的素材放在它的上方，如图5-55所示，并将它切换为【亮度遮罩】，如图5-56所示。此时，【合成】面板画面如图5-57所示。

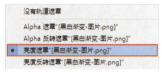

图5-55　　　　　　　　　　　　　　　　　图5-56

图5-57

同理，也可以切换【亮度反转遮罩】。这里做一个汇总展示，以便大家更直观地观看，如图5-58所示。

原始素材　　　　　　　带有亮度信息的素材　　　　　　切换【亮度遮罩】后

原始素材　　　　　　　带有亮度信息的素材　　　　　　切换【亮度反转遮罩】后

图5-58

5.7　蒙版和遮罩的区别

1.蒙版

蒙版简单理解就是蒙在版上，作用于统一图层，一般指的是软件自带的闭合路径，如形状工具组下的矩形、椭圆等，如图5-59所示。在After Effects中，当选中图层使用矩形工具绘制一个闭合路径时，画面中就只会显示路径内的画面，也就是只在被蒙住的版面上显示画面，如图5-60所示。

此时，【时间轴】上只有一个图层，因为蒙版和素材是在同一个图层上的，如图5-61所示。

图5-59

图5-60

图5-61

2. 遮罩

遮罩简单理解就是遮挡罩住，作用于不同图层，主要是用来弥补蒙版款式单一和不足的问题，所以需要借助外来图层，如文字、图片、水墨动画等，利用闭合路径作为遮罩层，通过【Alpha遮罩】或【亮度遮罩】信息显示下方图层的画面，如图5-62所示。

此时，【时间轴】上有两个图层：上方为遮罩层，下方为被遮罩层，如图5-63所示。遮罩层的闭合路径会显示最终的画面，如图5-64所示。

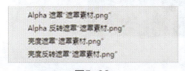
图5-62

图5-63

图5-64

5.8 【课堂练习】制作大楼跳舞特效

微课视频

步骤01：打开After Effects，单击 图标新建一个合成。【合成名称】改为"大楼跳舞特效"，【预设】选择"HDTV 1080 24"，【宽度】和【高度】改为"1920px"和"1080px"，【像素长宽比】为"方形像素"，【帧速率】为"24帧/秒"，【持续时间】为"10秒"，如图5-65所示。

图5-65

步骤02：将本案例的素材拖曳至【时间轴】面板，如图5-66所示。此时，【合成】面板的画面如图5-67所示。

图5-66 图5-67

步骤03：需要在【时间轴】面板中把素材复制一份。按快捷键Ctrl+D即可复制，将图层1的名称改为"大楼"，图层2的名称改为"背景"。然后单击【时间轴】上图层2前面的 按钮，将图层2暂时隐藏起来，如图5-68所示。

图5-68

步骤04：单击图层1的素材将其激活，使用【工具栏】中的【钢笔工具】 将图片中的大楼绘制出来，如图5-69所示。此时，可以看到【时间轴】的大楼素材下就多了一个【蒙版1】，如图5-70所示。

图5-69 图5-70

步骤05：调整【锚点】的位置，单击【时间轴】上图层1的大楼素材，将其激活。此时，可以看到锚点在画面的正中心位置，要把它移动到新的位置。使用【工具栏】里的【向后平移（锚点）工具】 ，将锚点移动到抠出的大楼底部，如图5-71所示。

图5-71

步骤06：回到【时间轴】面板，单击图层1前面的 👁 关闭，只显示图层2的画面，如图5-72所示。然后，双击图层2的背景素材进入【图层】面板，如图5-73所示。

图5-72　　　　　　　　　　　　　　　　　　图5-73

步骤07：回到【工具栏】面板，单击【仿制图章工具】图标 🔖，将光标移动到取样位置后，按住Alt键不松手，此时，光标会变成取样图标 ⊕。

接着单击鼠标左键进行取样，取样后将光标放在需要擦除覆盖的部分，按住鼠标左键不松手，进行涂抹，如图5-74所示。接下来，只需要不断重复这个过程，调整取样点和覆盖的位置，就能将整个大楼擦除，如图5-75所示。

图5-74　　　　　　　　　　　　　　　　　　图5-75

1. 在使用【仿制图章工具】进行涂抹的时候，一定要将光标指针放在第一帧的位置。这样才能保证整个轨道的素材被覆盖住，如图5-76所示。

2. 在涂抹的时候，我们可以自定义调整画面大小。按住Ctrl键不松手，按住鼠标左键向左拖动可以缩小画笔；按住Ctrl键不松手，按住鼠标左键向右拖动可以放大画笔。

图5-76

步骤08：在【效果和预设】面板中搜索【CC Bend It】效果，找到【扭曲】-【CC Bend It】，将这个效果添加给【时间轴】的图层1素材。添加后在【效果控件】面板就可以看到这个效果的参数了，如图5-77所示。

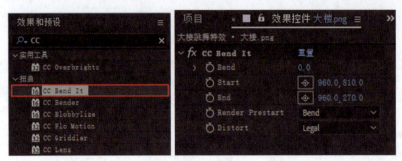

图5-77

步骤09：在【效果控件】面板中单击【Start】属性后面的图标 ⊕，单击后光标就带有"十"字的坐标，它的意思就是让我们设置开始位置。将开始位置放在底部，如图5-78所示。

步骤10：设置结束位置。单击【End】属性后面的图标 ⊕，将结束位置放在顶部，如图5-79所示。

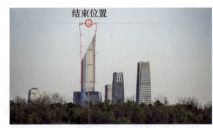

图5-78　　　　　　　　　　　　　　　　图5-79

步骤11：在【效果控件】面板中调整【Bend】属性的参数。当参数为正值时，主体向右侧倾斜，如图5-80所示。当参数为负值时，主体向左侧倾斜，如图5-81所示。

图5-80

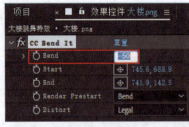

图5-81

步骤12：通过调整【Bend】的参数可以实现大楼跳舞的效果。在第一帧将【Bend】属性前面的 ⊙ 码表点亮，并将参数改为"0"，光标移动到第1秒并将参数改为"70"，光标移动到第2秒并将参数改为"-70"，光标移动到第3秒并将参数改为"70"，光标移动到第4秒并将参数改为"0"，如图5-82所示。

最后，选中刚才添加的全部关键帧，按快捷键F9添加缓动效果，如图5-83所示。这样动画看起来会更加流畅，如图5-84所示。

图5-82　　　　　　　　　　　图5-83　　　　　　　　　　　图5-84

此时，就可以看到最终效果了，如图5-85所示。

图5-85

5.9 本章小结

在本章，我们主要学习了蒙版与轨道遮罩的知识。

首先，我们了解了蒙版的原理，学习了多种软件自带的绘制蒙版的工具，如【矩形工具】【椭圆工具】【多边形工具】等。如果这些自带的形状工具满足不了我们的需求，也可以通过【钢笔工具】自定义绘制蒙版的形状。

接下来，学习了轨道遮罩的相关知识，它主要分为【Alpha遮罩】和【亮度遮罩】，通过外部素材再结合【轨道遮罩】可以实现更多可能性。

最后，我们通过一个"大楼跳舞特效"的实操案例，对前面的知识进行了复习和汇总。

5.10 【课后习题】制作多重曝光视频特效

微课视频

观察图5-86的效果可以看到，该案例的难点有两个：一是如何将人物的头部替换成"树木"和"飞鸟"；二是如何将"海浪"限制在人物的轮廓内。要实现这两个效果并不难，前者可以通过绘制蒙版实现，后者可以通过【亮度反转遮罩】实现。

图5-86

关键步骤提示

01 初步合成。使用【钢笔工具】绘制蒙版，将"树木"和"飞鸟"合成至人物头部。

02 调整蒙版属性。更改【蒙版羽化】、不透明度等参数，让合成更加真实。

03 高级合成。将初步合成的素材作为新的遮罩，使用【亮度反转遮罩】将"海浪"限制在人物身体内部。

第6章 | 3D摄像机和灯光

6.1 初识3D

6.1.1 什么是3D

3D是英文3Dimensions的简称，中文是指三维：3个维度、3个坐标（长、宽、高）。3D是空间的概念，也就是由X、Y、Z3个轴组成的空间，是相对于只有长和宽的平面（2D）而言的。

3D成像是靠人两眼的视觉差产生的。人的两眼（瞳孔）之间一般会有8cm左右的距离。要让人看到3D影像，就必须让左眼和右眼看到不同的影像，使两幅画面产生一定差距，也就是模拟实际人眼观看时的情况。

3D技术的应用主要面向影视动画、动漫、游戏等视觉表现类和文化艺术类产品的开发与制作，汽车、飞机、家电、家具等实物物质产品的设计和生产，以及人与环境交互的虚拟现实的仿真和摸拟等。

6.1.2 After Effects中的三维图层

在平面（2D）中，只有X轴和Y轴，但是在After Effects中，当我们把平面图层转换为3D图层的时候，就多了一个Z轴，如图6-1所示。

由此我们就知道了，After Effects中的三维是假三维，因为它没有厚度，只是多出来一个纵深的轴向（Z轴）。如果把画面复制一层往Z轴的方向移动，就可以看到两个画面，如图6-2所示。

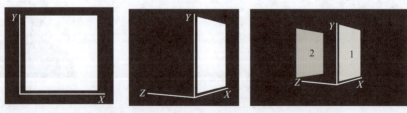

图6-1   图6-2

此时，如果我们再将图层多复制几层，并将它的上下左右都封起来，如图6-3所示，就可以产生一个立方体。这个立方体其实是通过6个面拼接而成的，这样就形成了3D效果，如图6-4所示。

图6-3   图6-4

6.2 3D视图的切换

微课视频

在After Effects中如何开启3D图层呢?

在【图层】面板中导入一张图片素材,此时,【合成】面板画面如图6-5所示。可以看到它是一个平面的二维画面。如果要将其转换为3D图层,只需要单击 图标就可以了。

当开启3D图层后,该图层的【变换】属性下就多了"X轴旋转、Y轴旋转、Z轴旋转"这几个参数。同样在【位置】的后方也多了Z轴的参数,也就是可以调整画面的纵深,如图6-6所示。

图6-5

图6-6

此时,使用快捷键Ctrl+Y新建一个纯色图层,将名称改为"白色地面",颜色改为"纯白色",如图6-7所示。

将纯色图层放在卡通人物的下方,同样开始它的3D图层。将【位置】参数改为"960,800,750",【X轴旋转】的参数改为"+90",如图6-8所示。此时,【合成】面板画面如图6-9所示。刚才新建的图层就已经被平铺放倒了,可以使地面和卡通素材更好的结合。

图6-7

图6-8

图6-9

6.2.1 正面、背面、底部、顶部、左侧、右侧

目前，我们看到的画面是正面效果，那么该如何切换不同的角度呢？在【合成】面板的下方展开 活动摄像机_ ∨ 活动摄像机，就能够看到各种角度，如图6-10所示。

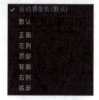

图6-10

分别切换不同角度来看，由于在After Effects中，因此图层并没有厚度，很多角度看起来只有一条线，如图6-11所示。

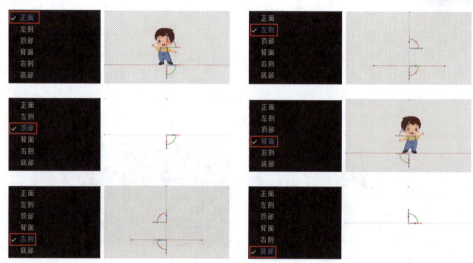

图6-11

6.2.2 活动摄像机

当空间没有新建的摄像机的时候，After Effects软件就会默认一个活动摄像机，如图6-12所示。这个摄像机就像我们的视角，是没法调整和输出的，所以活动摄像机的视角是固定的。

图6-12

💡 **小提示**　当画面中有多个摄像机时，活动摄像机会显示图层当中最上方的摄像机画面。

6.2.3 自定义视图

如果想从不同的角度查看，除了切换【正面】【背面】【底部】【顶部】【左侧】【右侧】，还可以切换到【自定义视图】。顾名思义，可以自定义查看图像的角度，如图6-13所示。

图6-13

6.3 3D视图的查看

当切换到【自定义视图】的时候，可以观察到的角度就更多了。但如果想看到更多3D视图角度，就需要借用一些工具。比如，🔄绕光标旋转工具、✛在光标下移动工具、↕向光标方向推拉镜头工具。

6.3.1 绕光标旋转工具

单击【工具栏】中的【绕光标旋转工具】，将光标移动至【合成】面板，可以看到光标变成了一个小圆圈🔄，而且在它周围还有方向，这就意味着可以通过这个工具来旋转画面。

按住鼠标左键进行拖动，就可以让画面在空间中旋转起来，如图6-14所示。

6.3.2 在光标下移动工具

单击【工具栏】中的【在光标下移动工具】，将光标移动至【合成】面板，可以看到光标变成了十字形✛，此时，按住鼠标左键拖动，就可移动画面了，如图6-15所示。

图6-14

图6-15

6.3.3 向光标方向推拉镜头工具

单击【工具栏】中的【向光标方向推拉镜头工具】，将光标移动至【合成】面板，可以看到光标变成了十字形↕。此时，按住鼠标左键进行推拉操作，就可以对画面进行缩放了。

按住鼠标左键向前推动，可以放大画面，如图6-16所示。按住鼠标左键向后拉动，可以缩小画面，如图6-17所示。

图6-16

图6-17

在实际工作中，如果不想在【工具栏】中来回切换这3个工具的话，就可以使用快捷C。比如，正在使用🔄绕光标旋转工具时，如果想切换到✛在光标下移动工具，只需要按一下C键。同理，如果想切换成↕向光标方向推拉镜头工具，也只需要再按一下C键。

6.4 摄像机参数详解

在After Effects中，常常需要运用一个或多个摄像机来创造空间场景、观看合成空间。摄像机工具不仅可以模拟真实摄像机的光学特性，还能超越真实摄像机对三脚架、重力等条件的制约，在空间中任意移动。下面我们就来介绍一下摄像机的创建和设置。

在【图层】面板中导入素材并开启3D图层，如图6-18所示。同时将视图切换为【自定义视图】，此时，【合成】面板画面如图6-19所示。

图6-18

图6-19

此时，可以看到画面有了变化，但看不到摄像机。我们在之前学习过，在After Effects中一旦开启3D图层，软件就会打开默认摄像机，那如何才能看到摄像机呢？要新建一个摄像机才行。

在【图层】面板的空白处单击鼠标右键，执行【新建】-【摄像机】命令，如图6-20所示。在弹出的【摄像机设置】对话框中单击【确认】按钮，如图6-21所示。

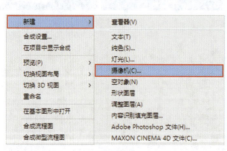

图6-20

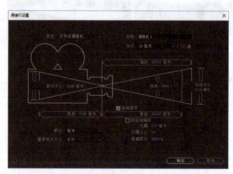

图6-21

可以发现，在【图层】面板中多了一个【摄像机1】，如图6-22所示。此时，就可以在【合成】面板中看到画面中的摄像机位置了，如图6-23所示。

图6-22

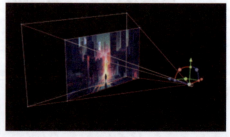

图6-23

在【图层】面板中展开【摄像机选项】，可以看到有很多参数可调节。下面来重点介绍【缩放】【景深】【焦距】【光圈】这几个参数，如图6-24所示。

6.4.1 预设（15~200毫米）

【预设】主要决定摄像机视角的宽阔程度。

这个下拉菜单提供了9种常见的摄像机镜头，包括标准的50毫米镜头、15毫米广角镜头、200毫米长焦镜头，以及自定义镜头等，如图6-25所示。

图6-24 图6-25

50毫米标准镜头的视角类似于人眼所看到的画面。15毫米广角镜头有极大的视野范围，类似于鹰眼观察空间——虽然看到的空间很广阔，但是会产生空间透视变形。20毫米长镜头可以将远处的对象拉近，视野范围随之减少，只能观察到较小的空间，但是几乎没有变形的情况出现。

简单理解：数字越小，视野范围越宽阔；数字越大，视野范围越窄。

6.4.2 缩放

【缩放】主要用于控制摄像机视角的大小，也就是画面的大小。

缩放的参数越大，画面越大，所展现的场景越小，如图6-26所示。

缩放的参数越小，画面越小，所展现的场景越大，如图6-27所示。

图6-26 图6-27

6.4.3 景深

【景深】指画面中的清晰范围，一般在对焦点前后的一定范围内。通过调整景深的参数可以控制画面中的景深范围大小。画面元素在景深范围内会清晰呈现，在景深范围外就会虚化模糊。

如果要开启景深的话，可以在【摄像机设置】面板中勾【选启用景深】 ☑启用景深 选项，当然也可以在【图层】面板的摄像机选项中点击开启【景深】图标 。

【焦距】的意思就是在某段距离内，找到一个最清晰的点，这段距离即焦距。图6-28中有三张图片，焦点位于中间的图片，所以它看起来是最清晰的。

图6-28

如果要让最前面的图片变得清晰，就需要调整【焦距】的参数，如图6-29所示。同理，也可以通过调整【焦距】的参数，让最后一张照片变得清晰，如图6-30所示。

图6-29　　　　　　　　　　　　　　　　　　　　图6-30

6.4.5　光圈

【光圈】是一个用来控制光线透过镜头进入机身内感光面光量的装置，通常设置在镜头内。在After Effects中，光圈主要用来控制画面的模糊程度。

光圈参数越小，画面越清晰，如图6-31所示。光圈参数越大，画面越模糊，如图6-32所示。

图6-31　　　　　　　　　　　　　　　　　　　　图6-32

知识拓展

在摄影中，相机景深的控制主要取决于光圈的大小、快门的速度以及焦距的长短。光圈越大，景深越小（浅）；光圈越小，景深越大（深）。快门的速度越快，景深就越小；焦距越长，景深就越小，如图6-33所示。

大光圈背景虚化　　　　　　　　　　　　小光圈背景清晰

图6-33

6.5 摄像机运动的调整方法

微课视频

在After Effects中，可以通过调整摄像机的视角来模拟现实中真实摄像机的不同焦段和镜头类型。如果大家有拍摄经验，就会对摄像机的运镜有更深的理解。

最常见的8种运动技法包括推、拉、摇、移、跟、升、降、甩。在After Effects中，通过控制摄像机的运动，可以很轻松地将这8种运动技法模拟出来。

6.5.1 初级方法：直接调整参数制作动画

在After Effects中打开"摄像机运动案例1-工程文件"项目，如图6-34所示。此时，【图层】面板如图6-35所示，【合成】面板画面如图6-36所示。

图6-34　　　　　图6-35　　　　　图6-36

如果要制作摄像机动画，就要在【图层】面板中展开【变换】属性，将光标放在4秒22的位置，将【目标点】【位置】属性前方的关键帧点亮，如图6-37所示。

接着通过【工具栏】的绕光标旋转工具、在光标下移动工具、向光标方向推拉镜头工具这3个工具调整最后的落版画面，让它有一定的倾斜度，如图6-38所示。

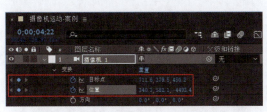

图6-37　　　　　　　　　图6-38

然后将光标指针移动到时间线的第一帧，同样使用绕光标旋转工具、在光标下移动工具、向光标方向推拉镜头工具这3个工具去调整最开始的起幅画面。调整完成后，【目标点】【位置】属性会自动生成一个新的关键帧，如图6-39所示。此时，【合成】面板画面如图6-40所示。

图6-39　　　　　　　　　图6-40

最后，选中所有关键帧，按键盘上的F9键添加缓动效果，如图6-41所示。此时，可以看到摄像机已经运动起来了，最终效果如图6-42所示。

93

图6-41

图6-42

6.5.2 高阶方法：使用空对象控制摄像机

之前，摄像机动画的制作是通过直接调整摄像机属性参数实现的。接下来，介绍另外一种方法：使用空对象控制摄像机。

在After Effects中打开"摄像机运动案例2-工程文件"项目，如图6-43所示。此时，【图层】面板如图6-44所示，【合成】面板画面如图6-45所示。

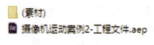

图6-43　　　　　　　　　　　图6-44　　　　　　　　　　图6-45

在【图层】面板中单击鼠标右键，执行【新建】-【空对象】命令，如图6-46所示。此时【时间轴】上就会出现空对象的图层，单击 图标开启3D图层，如图6-47所示。

图6-46　　　　　　　　　　　　图6-47

开启空对象的3D图层后，先来观察一下它在空间中的位置。将活动摄像机视图切换为【顶部】，如图6-48所示。此时，可以从顶视图看到，文字和空对象并不在同一位置，而是一前一后的状态，如图6-49所示。

图6-48　　　　　　　　　　　　图6-49

After Effects+AIGC 视觉特效与合成
——影视+UI动效+MG动画（全彩微课版）

那么如何调整呢？只需要在【图层】面板中将空对象位置的Z轴属性参数和文字层位置的Z轴属性参数统一即可，如图6-50所示。

统一位置后，需要将空对象作为【摄像机】的父级。展开摄像机后方的【父级和链接】无，单击"1.空1"，如图6-51所示。

 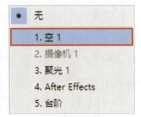

图6-50　　　　　　　　　　　　　　　图6-51

如果想更快地指定父子级关系，可以直接按住鼠标左键拖曳【父级关联器】到指定图层，如图6-52所示。

图6-52

最后，只需要给空对象做关键帧动画即可。它的优势在于空对象的动画和摄像机的动画可以同时存在且互不影响，这样可控制的范围就大幅提高了。

将光标指针移动到第3秒的位置，给空对象的【位置】和【Y轴旋转】属性打上"关键帧"，如图6-53所示。

将光标指针移动到第1帧，更改空对象【位置】属性参数为"1600，450，850"，更改【Y轴旋转】属性参数为"+75"，如图6-54所示。

此时，就可以看到摄像机运动形成的动画了，如图6-55所示。

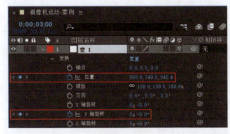 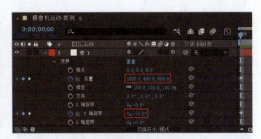

图6-53　　　　　　　　　　　　　　　图6-54

图6-55

6.6 初识灯光

在特效制作中，灯光能够烘托氛围、突出主体、反映人物内心，也能够影响观众情绪，所以控制灯光是影视后期制作的重要一环。由此诞生了"灯光师"（又称"照明师"）这一职业。他们利用各种专业灯具，根据不同图像的艺术风格的需要，创作出各种"光影效果"，如图6-56所示。

After Effects可以通过创建灯光图层来照亮场景中的三维图层、模拟三维空间的真实光线效果，并且可以像显示中的灯光一样对它进行属性设置，如灯光的数量、颜色、位置、投影和衰减等。

图6-56

6.6.1 新建灯光

方法1：在菜单栏中执行【图层】-【新建】-【灯光】命令，如图6-57所示，会弹出【灯光设置】对话框，如图6-58所示。设置好参数后，单击【确定】按钮，就可以在【图层】面板中新建一个灯光图层，如图6-59所示。

图6-57　　　　　　　　　　图6-58　　　　　　　　　　图6-59

方法2：在【图层】面板中，单击鼠标右键，执行【新建】-【灯光】命令，如图6-60所示。也可以在【图层】面板中创建一个新的灯光层。

方法3：除了上述两种方法，还可以使用快捷键的方法新建灯光。新建灯光的快捷键为Ctrl+Alt+Shift+L，如图6-61所示。

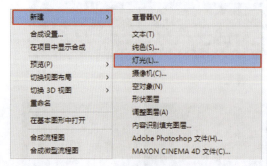

图6-60　　　　　　　　　　　　　　　　　图6-61

After Effects+AIGC+MG动画 视觉特效与合成——影视+UI动效+MG动画（全彩微课版）

在创建灯光图层时，若想让灯光对素材产生光照效果，必须开启素材的 ◉3D 图层。

6.6.2 灯光参数详解

【名称】：用于设置灯光图层的名称，默认名称为"聚光灯1"。

【灯光类型】：用于设置灯光类型，主要分为平行、聚光、点、环境，如图6-62所示。

【颜色】：用于设置灯光颜色。黄色和红色的对比效果如图6-63所示。

图6-62

灯光颜色为红色　　　　　灯光颜色为黄色

图6-63

吸管工具：单击该按钮，可以在画面中的任意位置吸取灯光颜色。

【强度】：用于设置灯光的强弱程度。强度为"100"和"500"的对比效果如图6-64所示。

强度：100　　　　　强度：500

图6-64

【锥形角度】：用于设置灯光照射的锥形角度。图6-65是锥形角度为"50"和"100"的对比效果。

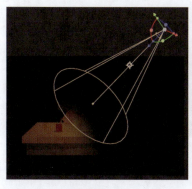

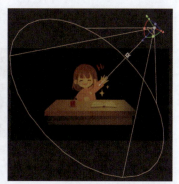

锥形角度：50　　　　　锥形角度：100

图6-65

【锥形羽化】：用于设置锥形灯光的柔和程度。

【衰减】：可以设置衰减为无、平滑、反向平方限制，如图6-66所示。

【半径】：当设置【衰减】为平滑时，可以调整半径属性的参数。

【衰减距离】：当设置【衰减】为平滑时，可以调整衰减距离属性的参数。

【投影】：勾选此项可以添加投影效果。

【阴影深度】：用于设置阴影深度值。

【阴影扩散】：用于设置阴影扩散程度。

图6-66

6.6.3 灯光的类型

【平行光】：相当于天上的太阳，它是从无限远的光源散发出的无约束的定向光，如图6-67所示。

【聚光】：指的是从受锥形物约束的光源发出的光。比如，剧场、影院等使用的聚光灯发出的光，如图6-68所示。

【点光】：指的是无约束的全向光。比如，电灯泡、手电筒的光线，如图6-69所示。

【环境光】：指的是没有光源，但有助于提高场景的总体亮度且不投影的光，如图6-70所示。

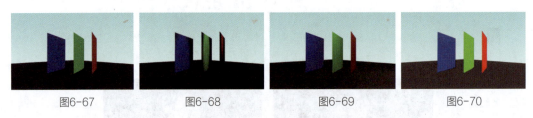

图6-67　　　　　　　图6-68　　　　　　　图6-69　　　　　　　图6-70

 小提示　因为在"环境光"的光照空间中，位置不影响其他图层，所以"环境光"在【合成】面板中没有图标显示。

6.6.4 灯光与投影

在After Effects中打开"灯光与投影-案例"项目，如图6-71所示。此时，【图层】面板如图6-72所示，【合成】面板画面如图6-73所示。

灯光与投影-实例.
aep

图6-71

图6-72

图6-73

可以看到，在【图层】面板中已经有了一个"灯光1"，但【合成】面板中的文字并没有产生阴影效果，这是为什么呢？如果想在After Effects中让三维图层产生阴影，必须开启灯光的投影以及被照射物体的投影（两个选项都需要打开才可以）。

在【图层】面板中分别打开灯光和文字的【投影】开关，如图6-74所示，观察【合成】面板，可以看到文字已经产生了阴影，如图6-75所示。

After Effects+AIGC 视觉特效与合成
——影视+UI动效+MG动画（全彩微课版）

图6-74

图6-75

小提示   如果想快速调出灯光和材质选项，在输入法为英文的状态下，快速按两次键盘上的A键即可。

6.7 【课堂练习】卡通城市街道合成-MG动画

步骤01： 打开After Effects软件后，新建一个"卡通城市街景合成"的合成，具体参数如图6-76所示。

微课视频

图6-76

步骤02： 按组合键Ctrl+Y，在弹出的【纯色设置】对话框中将【名称】改为"背景"。单击【拾色器】图标，在弹出的窗口中将颜色设置为淡黄色，如图6-77所示。

图6-77

步骤03: 在【图层】面板中导入本节的案例素材,并开启它们的 ⊕ 3D图层,如图6-78所示。此时,【合成】面板画面如图6-79所示。可以看到3个画面叠在一起(没有纵深关系),接下来需要调整画面的前后顺序。

图6-78 图6-79

步骤04: 调整【合成】面板的画面为2个视图,并改左侧画面为【顶部】视图,右侧画面为【活动摄像机】视图,如图6-80所示。在【顶部】视图中按照远近的透视关系,分别将素材前后排开,如图6-81所示。此时,【合成】面板画面如图6-82所示。

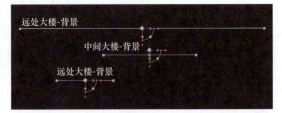

图6-80 图6-81

步骤05: 继续搭建场景。将"房子"的素材拖拽到【图层】面板中,并开启它们的 ⊕ 3D图层,如图6-83所示。

图6-82 图6-83

同样,在【顶部】视图中按照远近、左右的透视关系,分别将素材排开即可,如图6-84所示。此时,【合成】面板画面如图6-85所示。

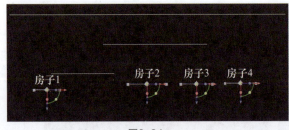

图6-84 图6-85

步骤06: 重复上述步骤将场景搭建完毕。最终搭建好的场景【顶部】视图如图6-86所示,【合成】画面如图6-87所示。

After Effects+AIGC 视觉特效与合成
——影视+UI动效+MG动画(全彩微课版)

图6-86　　　　　　　　　　　　　图6-87

步骤07：在【效果和预设】面板中搜索"梯度渐变效果"，将该效果添加给背景的纯色图层，如图6-88所示。在【效果控件】面板中设置【渐变起点】为"960，0"，【渐变终点】为"960，1080"，【起始颜色】为"█天蓝色"，【结束颜色】为"█淡黄色"，如图6-89所示。此时，【合成】面板画面如图6-90所示。

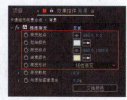

图6-88　　　　　　　　　图6-89　　　　　　　　　图6-90

步骤08：在【图层】面板中导入"汽车1"素材，并开启它的 🔾3D图层，在第1帧的时候单击 🔾图标添加一个关键帧，如图6-91所示。并在第1帧的时候将汽车移动至画面外，如图6-92所示。

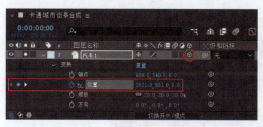

图6-91　　　　　　　　　　　　　图6-92

步骤09：将光标指针移动到最后一帧的位置，将汽车移动至画面另一端，如图6-93所示。此时，会在【时间轴】面板中自动生成第二个关键帧，如图6-94所示。

图6-93　　　　　　　　　　　　　图6-94

步骤10：此时，可以看到画面中的汽车已经动起来了，如图6-95所示。

接下来，需要按照刚才的方法，为街道上添加更多汽车，并给【位置】属性制作关键帧动画，如图6-96所示。

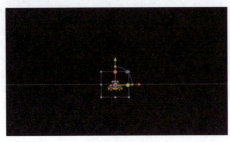

图6-95   图6-96

步骤11：在【图层】面板中单击鼠标右键，执行【新建】-【摄像机】命令，如图6-97所示。在【摄像机设置】面板中选择50毫米的双节点摄像机，如图6-98所示。

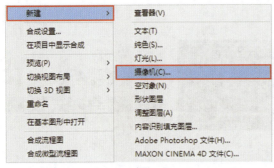
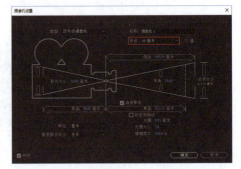

图6-97   图6-98

步骤12：在【图层】面板中展开摄像机选项，在第1帧的时候给【位置】属性打上"关键帧"，参数改为"960""540""-2681"，如图6-99所示。

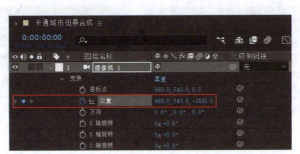

图6-99

步骤13：将光标指针放在最后一帧，将【位置】属性的参数改为"960""540"，"-1400"，如图6-100所示。此时，可以看到摄像机会向前推进。

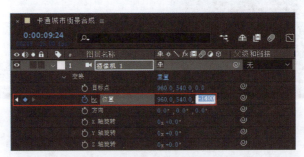

图6-100

步骤14：这样，一个推镜头的卡通街景合成的MG动画就制作好了，如图6-101所示。

图6-101

6.8　本章小结

　　本章主要学习了3D摄像机和灯光的知识。首先我们在认识3D的基础上，学习了3D视图的切换和查看。通过【自定义视图】和活动摄像机，可以从各个角度观察After Effects中的三维图层。为了更自由地查看和制作动画，我们学习了在After Effects中新建摄像机，也学习了摄像机的详细参数设置和两种调整摄像机运动的方法。

　　接着，我们认识了After Effects中的灯光，主要分为平行光、聚光、点光、环境光这4种，学会了如何开启三维物体的投影。

　　最后，我们通过一个课堂练习——"卡通城市街景合成-MG动画"，将本章的知识进行了汇总，同时也复习了之前学习的关键帧动画知识。

　【课后习题】将文字合成在真实的
　　　　场景中

微课视频

　　观察最终效果，可以看到文字在真实的场景中是有投影的，也就意味着我们需要【新建灯光】。文字层能接收到灯光的照射，说明文字开启了 ⬡3D图层，通过调整文字的【位置】属性参数，将其匹配到真实场景中，如图6-102所示。

图6-102

🖱 关键步骤提示

01　新建纯色图层。按Ctrl+Y组合键新建一个白色图层作为地面参考物。

02　新建摄像机。新建一个广角摄像机，开启纯色图层的3D开关，并匹配到地面位置。

03　新建文字图层。新建文字图层开启3D开关，调整文字位置、大小、字体等。

04　新建灯光图层。新建一个"点"光源，调整光源位置，让阴影方向与场景匹配。

第7章 跟踪和移除效果

7.1 初识跟踪

微课视频

7.1.1 什么是跟踪

After Effects跟踪也叫作跟踪运动，是影视后期创作以及电影特效中经常会用到的追踪器工具。比如，科幻类电影中会有魔法、雷电、光束等特效，如图7-1所示。但这些特效元素并不是实拍的，而是后期合成的。非现实的特效元素与实际人物的手势、动作、体态等相结合，就是应用After Effects跟踪实现的。

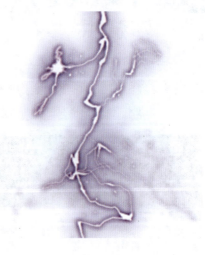

图7-1

7.1.2 跟踪的应用场景

跟踪的应用场景非常广泛，从广告制作、微电影拍摄到宣传片制作，再到专业的产品包装、特效制作等，无所不包。

以产品包装为例：在制作产品包装特效时，为了让大家更好地了解产品特点，会给它添加一些注释说明，如文字、动图等。这个时候就需要用到跟踪，将文字动图牢牢锁定在产品上。再比如，影视特效包装，通过跟踪效果，可以丰富实拍场景里面的内容。比如，将文字合成在真实场景中、制作科幻的赛博朋克效果等。

7.2 单点跟踪

微课视频

7.2.1 跟踪参数详解

要使用跟踪运动的功能，首先要调出该面板。在【菜单栏】中执行【窗口】-【跟踪器】命令，就可以调出【跟踪器】面板，如图7-2所示。

单击【跟踪运动】，After Effects会打开已激活素材的【图层】面板，并自动生成一个"跟踪点1"。通过移动 + 设置跟踪点，内部的小方框可以调整跟踪目标的特征区域，外部的大方框可以调整跟踪目标的搜索区域，如图7-3所示。

【运动源】：指的是要选择跟踪哪个视频。

【当前跟踪】：在跟踪运动中，可以新建很多跟踪器，当前跟踪则只显示选中的跟踪器。

【跟踪类型】：主要分为稳定、变换、平行边角定位、透视边角定位、原始5种类型，如图7-4所示。

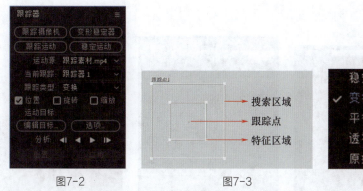

图7-2   图7-3   图7-4

【位置】：当画面中的跟踪目标有位置属性的变化时，即可勾选该项。

【旋转】：当画面中的跟踪目标有旋转属性的变化时，即可勾选该项。

【缩放】：当画面中的跟踪目标有缩放属性的变化时，即可勾选该项。

【运动目标】：指的是将跟踪数据指定给另一个目标，将跟踪运动应用于其他图层，如图7-5所示。

【选项】：动态跟踪选项可以调整跟踪原理，如图7-6所示。

图7-5   图7-6

105

RGB：通过分析跟踪对象周围的颜色信息而达到精准跟踪的目的。如果跟踪点跟周围的颜色信息差距很大，就可以选择该选项，因为颜色相差越大，跟踪就会越准确。

明亮度：通过分析跟踪对象周围的明暗信息而达到精准跟踪的目的。比如，跟踪点和周围信息一明一暗，就可以选择该项。

饱和度：通过分析跟踪对象周围的饱和度信息而达到精准跟踪的目的。

◀Ⅰ：单击该图标，可以向后分析一个帧。

◀：单击该图标，可以向后分析时间轴上的完整素材。

▶：单击该图标，可以向前分析时间轴上的完整素材。

Ⅰ▶：单击该图标，可以向前分析一个帧。

7.2.2 单点跟踪的应用

步骤01：打开After Effects软件新建合成，【合成名称】改为"单点跟踪案例"，【预设】选择"HDTV 1080 25"，【宽度】和【高度】分别为"1920px"和"1080px"，【像素长宽比】为"方形像素"，【帧速率】为"25帧/秒"，【持续时间】为"5秒"，如图7-7所示。

步骤02：在【项目】面板中导入本案例的素材，并将其拖曳至【图层】面板，如图7-8所示。此时，【合成】面板画面如图7-9所示。

| 图7-7 | 图7-8 | 图7-9 |

步骤03：在【图层】面板中单击素材，将其激活后，回到【跟踪器】面板单击【跟踪运动】，如图7-10所示。此时，会在【合成】面板的右侧自动弹出【图层】面板，同时【图层】面板也会出现一个"跟踪点1"，如图7-11所示。

步骤04：移动"跟踪点"的位置到需要跟踪的素材上，并扩大【搜索区域】和【特征区域】，如图7-12所示。

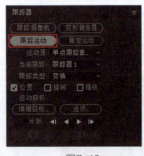

| 图7-10 | 图7-11 | 图7-12 |

步骤05：确定好跟踪点，在【跟踪器】面板中单击【向前分析】按钮▶，如图7-13所示。

After Effects+AIGC 视觉特效与合成
——影视+UI动效+MG动画（全彩微课版）

此时，软件就会自动进行跟踪，跟踪完成后就可以在【时间轴】上看到密密麻麻的关键帧，如图7-14所示。这些关键帧是软件自动生成的，同时能在【图层】面板中看到跟踪点的路径，如图7-15所示。

图7-13　　　　　　　　　　　　　　图7-14

图7-15

步骤06：在【图层】面板中单击鼠标右键，执行【新建】-【空对象】命令，如图7-16所示。此时，【图层】面板就会多出一个空对象"空1"，如图7-17所示。空对象的作用就是将刚才跟踪的数据移动到它的上面。

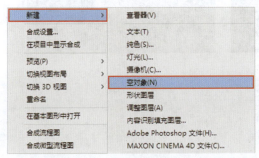

图7-16　　　　　　　　　　　　　　图7-17

步骤07：该如何移动呢？回到【跟踪器】面板单击【编辑目标】，如图7-18所示。在弹出的【运动目标】对话框中"将运动应用于"刚才新建的空对象"空1"，如图7-19所示。

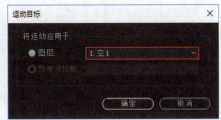

图7-18　　　　　　　　　　　　　　图7-19

步骤08：在【跟踪器】面板中单击【应用】按钮，如图7-20所示。此时会弹出【动态跟踪器应用选项】对话框，单击【确定】按钮，如图7-21所示。

此时，观察【合成】面板，可以看到空对象上已经有了刚才的跟踪数据，如图7-22所示。

图7-20　　　　　　　　图7-21　　　　　　　　图7-22

步骤09： 添加文字或其他需要跟踪的素材。将【文字素材】导入【图层】面板，如图7-23所示。然后，将素材中的小圆点移动至跟踪点上，如图7-24所示。

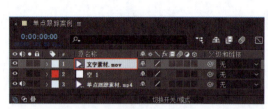

图7-23　　　　　　　　　　　　　图7-24

步骤10： 最后，只需要将空对象作为文字素材的父级就可以了。按住鼠标左键拖动文字素材的【父级关联器】，将其链接到"空1"上，如图7-25所示。

此时播放，可以看到文字牢牢跟踪到视频素材上。这样，一个简单的产品介绍的包装特效就制作好了，如图7-26所示。

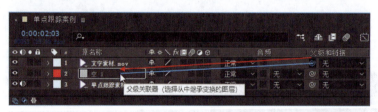

图7-25

图7-26

7.3 两点跟踪

7.3.1 跟踪参数详解

在使用【跟踪运动】时，软件默认只会勾选【位置】属性，这种情况适用于固定镜头或者镜头运动较小的画面。如果画面有推、拉、缩放等大范围运动时，就需要勾选【旋转】或【缩放】属性，如图7-27所示。

此时，【合成】面板就会多出一个"跟踪点2"，如图7-28所示。两点跟踪除了多一个跟踪点，其他参数和单点跟踪的用法是一样的。

图7-27

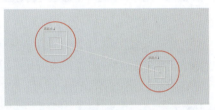

图7-28

7.3.2 两点跟踪的应用

步骤01： 打开After Effects软件新建合成，【合成名称】改为"两点跟踪案例"，【预设】选择"HDTV 1080 25"，【宽度】和【高度】分别为"1920px"和"1080px"，【像素长宽比】为"方形像素"，【帧速率】为"25帧/秒"，【持续时间】为"5秒"，如图7-29所示。

步骤02： 在【项目】面板中导入本案例的素材，并将其拖曳至【图层】面板，如图7-30所示。此时，【合成】面板画面如图7-31所示。

图7-29

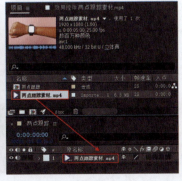

图7-30

图7-31

步骤03： 在【图层】面板中单击素材将其激活后，回到【跟踪器】面板单击【跟踪运动】，同时勾选【位置】【旋转】【缩放】，如图7-32所示。此时，在【合成】面板的右侧会自动弹出【图层】面板，同时出现两个跟踪点，如图7-33所示。

图7-32　　　　　　　　　图7-33

步骤04：移动两个跟踪点的位置分别到手表的左上角和右下角，如图7-34所示。同时，调整扩大【搜索区域】和【特征区域】，如图7-35所示。

图7-34　　　　　　　　　　　　　　　　图7-35

步骤05：确定好跟踪点后，在【跟踪器】面板中单击【向前分析】按钮▶，如图7-36所示。此时软件就会自动进行跟踪，跟踪完成后就可以在【时间轴】上看到密密麻麻的关键帧，如图7-37所示。这些关键帧是软件自动生成的，同时也能在【图层】面板中也能看到跟踪点的路径，如图7-38所示。

图7-36　　　　　　　　图7-37　　　　　　　　图7-38

步骤06：在【图层】面板中单击鼠标右键，执行【新建】-【空对象】命令，如图7-39所示。此时，【图层】面板中就会多出一个空对象"空1"，如图7-40所示。空对象的作用是将刚才跟踪的数据，移动到它的上面。

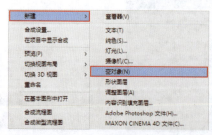

图7-39　　　　　　　　　　　　图7-40

步骤07：回到【跟踪器】面板单击【编辑目标】，如图7-41所示。在弹出的【运动目标】对话框中"将运动应用于"刚才新建的空对象"空1"，如图7-42所示。

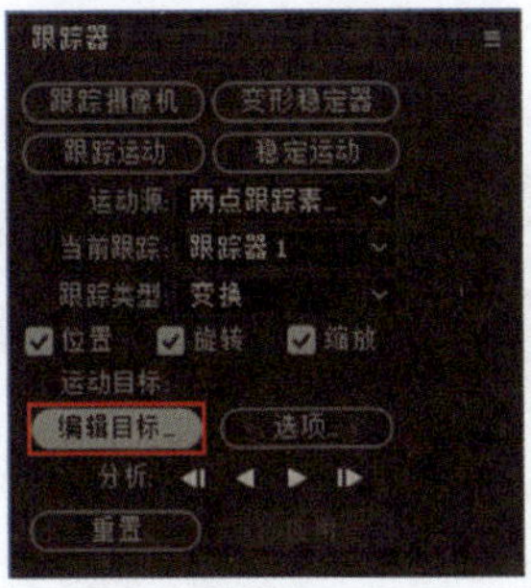

图7-41

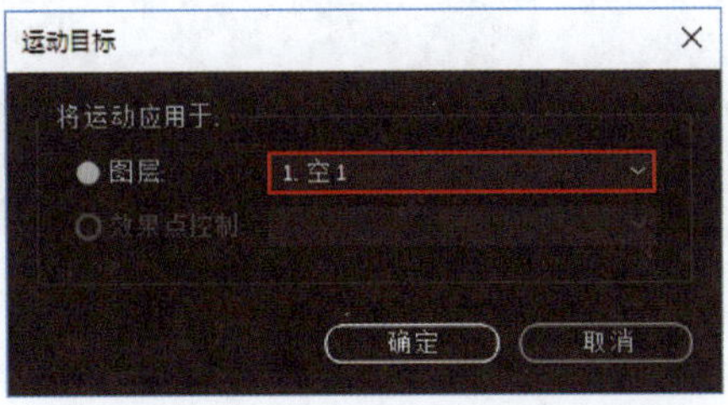

图7-42

步骤08：在【跟踪器】面板中单击【应用】按钮，如图7-43所示，会弹出【动态跟踪器应用选项】对话框，单击【确定】按钮，如图7-44所示。

此时，观察【合成】面板，可以看到空对象上已经有了刚才的跟踪数据，如图7-45所示。

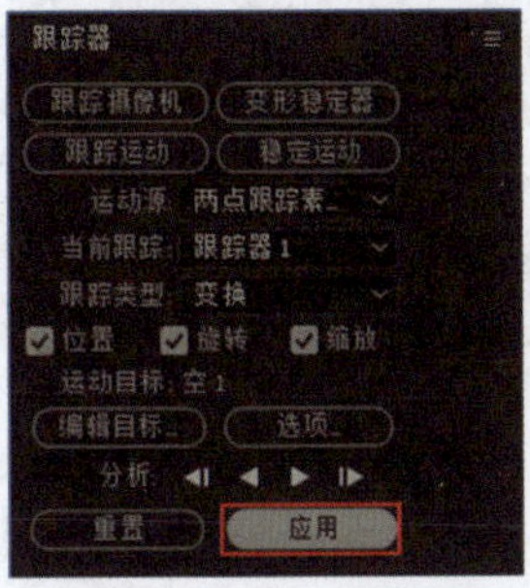

图7-43

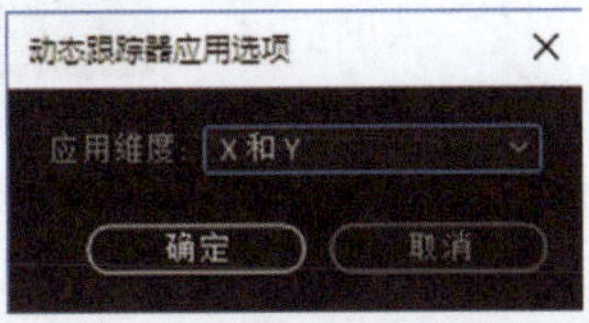

图7-44

图7-45

步骤09：最后，我们只需添加其他需要替换的素材就好了。将【替换素材】导入【图层】面板，如图7-46所示。调整替换素材的【位置】【旋转】【大小】属性，让它与手表屏幕的大小一样，如图7-47所示。

步骤10：将空对象作为替换素材的父级。按住鼠标左键拖动替换素材的【父级关联器】，将其链接到“空1”上，如图7-48所示。

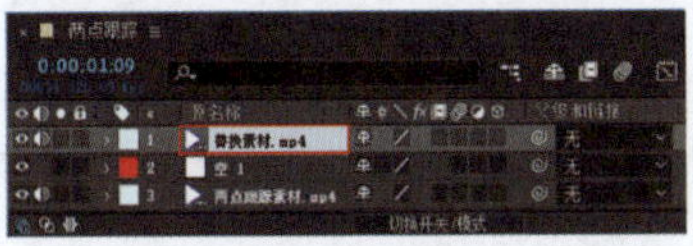

图7-46

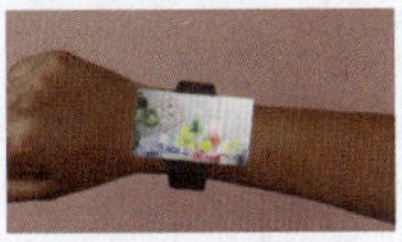

图7-47

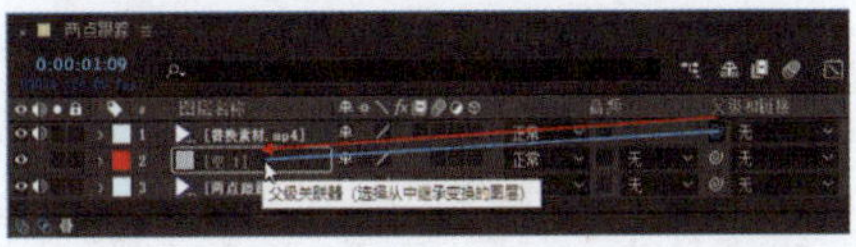

图7-48

此时播放，可以看到替换的视频素材已经牢牢地跟踪到手表上了。如何让视频素材只在手表的屏幕上显示呢？这就需要用到前面学习的【蒙版】知识了。

步骤11：在【工具栏】中使用【钢笔工具】，沿着手表屏幕的边缘绘制蒙版，如图7-49所示。直到蒙版路径闭合，即通过蒙版限制了画面的显示范围，如图7-50所示。

图7-49

图7-50

此时播放，就得到了最终效果，如图7-51所示。

图7-51

7.4 单点跟踪和两点跟踪的区别

在实际制作的过程中，我们需要根据跟踪素材的运动幅度、透视变化进行选择。当跟踪视频透视变化小时，如镜头小范围横移、推拉等，可以使用单点跟踪。

相反，当跟踪视频透视变化大且摇晃抖动严重，甚至产生了旋转时，就需要使用两点跟踪。两点相连会形成一条直线，软件可以通过这条直线分析出画面的倾斜和旋转等，使跟踪更加准确，如图7-52所示。

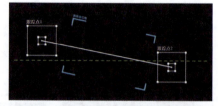

图7-52

7.5 四点跟踪

微课视频

7.5.1 透视边角定位详解

前面学习的【单点跟踪】和【两点跟踪】主要应用于固定镜头或镜头运动幅度特别小的素材。一旦画面出现大幅度变化，单点跟踪和两点跟踪就不能准确跟踪素材了。此时，需要用到【透视边角定位】，也就是大家常说的四点跟踪。

在使用【跟踪运动】时，【跟踪类型】默认为"变换"。如果要使用四点跟踪就需要将跟踪类型改为"透视边角定位"，如图7-53所示。此时，【合成】面板就会出现4个跟踪点，如图7-54所示。

图7-53

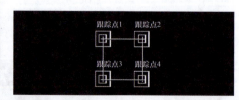

图7-54

7.5.2 四点跟踪的应用

步骤01：打开After Effects软件新建合成，【合成名称】改为"四点跟踪案例"，【预设】

After Effects+AIGC 视觉特效与合成
——影视+UI动效+MG动画（全彩微课版）

选择"HDTV 1080 2",【宽度】和【高度】分别为"1920px"和"1080px",【像素长宽比】为"方形像素",【帧速率】为"25帧/秒",【持续时间】为"5秒",如图7-55所示。

步骤02：在【项目】面板中导入本案例的素材，并将其拖曳至【图层】面板，如图7-56所示。此时，【合成】面板画面如图7-57所示。

图7-55　　　　　　　图7-56　　　　　　　图7-57

步骤03：在【图层】面板中，单击素材将其激活后，回到【跟踪器】面板单击【跟踪运动】，将【跟踪类型】改为"透视边角定位"，如图7-58所示。此时，【合成】面板的右侧会自动弹出【图层】面板，同时会出现4个跟踪点，如图7-59所示。

图7-58　　　　　　　图7-59

步骤04：接下来只需要分别移动4个跟踪点的位置到计算机屏幕的4个角即可，如图7-60所示。同时，调整【搜索区域】和【特征区域】，如图7-61所示。

图7-60　　　　　　　　　　　　　　　　　　图7-61

步骤05：确定好跟踪点后，在【跟踪器】面板中单击【向前分析】按钮▶，如图7-62所示。此时，软件就会自动进行跟踪，跟踪完成后就可以在【时间轴】上看到密密麻麻的关键帧，如图7-63所示。这些关键帧是软件自动生成的，同时在【图层】面板也能看到跟踪点的路径，如图7-64所示。

图7-62　　　　　　　图7-63　　　　　　　图7-64

步骤06：在【图层】面板中单击鼠标右键，执行【新建】-【纯色】命令，如图7-65所示。

在弹出的【纯色设置】面板中将名称改为"屏幕替换"，【宽度】和【高度】分别设为"1920"和"1080"，【颜色】为"白色"，如图7-66所示。此时，【图层】面板就会多出一个纯色图层，如图7-67所示。

| 图7-65 | 图7-66 | 图7-67 |

步骤07：回到【跟踪器】面板，单击【编辑目标】按钮，如图7-68所示。在弹出的【运动目标】对话框中"将运动应用于""屏幕替换"图层，如图7-69所示。然后单击【应用】按钮，如图7-70所示。

此时回到【合成】面板，就可以看到刚才新建的纯色图层已经贴合到计算机屏幕上，如图7-71所示。

| 图7-68 | 图7-69 | 图7-70 | 图7-71 |

步骤08：如何将纯色图层替换成其他视频素材呢？为了方便后期替换图片、视频等，需要将纯色图层预合成。在【图层】面板中单击纯色图层，将其激活，单击鼠标右键，在弹出的子菜单中执行【预合成】命令，如图7-72所示。在弹出的【预合成】对话框中选择保留"四点跟踪案例"中的所有属性，单击【确定】按钮，如图7-73所示。此时，【图层】面板画面如图7-74所示。

| 图7-72 | 图7-73 | 图7-74 |

步骤09：在【项目】面板中导入"屏幕替换素材"，并将其拖曳到【图层】面板，移动至纯色图层的上方，如图7-75所示。此时，【合成】面板画面如图7-76所示。

| 图7-75 | 图7-76 |

After Effects+AIGC 视觉特效与合成
——影视+UI动效+MG动画（全彩微课版）

步骤10： 回到主【合成】面板，可以看到计算机屏幕上的画面已经被替换成我们想要的素材了，如图7-77所示。

图7-77

微课视频

7.6 跟踪摄像机

7.6.1 反求摄像机运动轨迹

要反求出视频中摄像机的运动轨迹，就需要用到【跟踪摄像机】，也叫作"3D摄像机跟踪器"。

摄像机反求的是拍摄视频时相机的运动轨迹。求出运动轨迹后，画面上会多出一些相对静止的三维数据点，通过三维数据点的位置属性，可以把特效元素合成在真实场景中。接下来介绍【跟踪摄像机】的重点参数，如图7-78所示。

图7-78

【拍摄类型】：主要分为三类，分别是"视图的固定角度""变量缩放""指定视角"。当视频素材有明显的推拉缩放且幅度较大时，可选择【变量缩放】。当视频素材采用的是特定镜头拍摄的，如广角镜头、长焦镜头等，可以选择【指定视角】。软件默认选择的是【视图的固定角度】，这个选项会相对智能一些，所以建议大家保存默认即可。

【显示轨迹】：包括"2D源"和"3D已解析"。它们的区别在于解析点为2D还是3D。这里默认选择"3D已解析"。

【渲染跟踪点】：当勾选该项时，在播放预览的时候可以看到跟踪点；相反则不会显示。

【跟踪点大小】：顾名思义，就是用来调整跟踪点大小的。图7-79所示的跟踪点分别为"100"和"200"。

跟踪点：100　　　　　跟踪点：200

图7-79

【目标大小】：通过改参数可以调整目标点的大小。

【平均误差】：如果解析后该数值大于1，就需要重新分析了。

【详细分析】：当勾选该项时，解析出的跟踪点会更多、更详细。

步骤01： 打开After Effects软件新建合成，【合成名称】改为 "跟踪摄像机案例"，【预设】选择 "HDTV 1080 25"，【宽度】和【高度】分别为 "1920px" 和 "1080px"，【像素长宽比】为 "方形像素"，【帧速率】为 "25帧/秒"，【持续时间】为 "5秒"，如图7-80所示。

步骤02： 在【项目】面板中导入本案例的素材，并将其拖曳至【图层】面板，如图7-81所示。此时，【合成】面板画面如图7-82所示。

步骤03： 在【图层】面板中单击素材，将其激活后，回到【跟踪器】面板单击【跟踪摄像机】，如图7-83所示。

图7-80

图7-81

图7-82

图7-83

此时，在【合成】面板中分为两步完成操作：第一步，后台分析，如图7-84所示。第二步，解析摄像机，如图7-85所示。解析完成后画面中就出现了很多跟踪点，如图7-86所示。

图7-84

图7-85

图7-86

步骤04： 该如何使用软件解析出来的这些跟踪点呢？我们需要通过这些点来创建平面，下面介绍3种创建平面的方法。

方法1： 将光标指针放在【合成】面板中，软件会自动选中鼠标指针附近的几个点，并通过这几个点的连接生成一个平面，如图7-87所示。

方法2： 如果不想让软件自动生成，需要自定义选择跟踪点，具体该怎么做呢？此时，只需要按住鼠标左键不松手，同时拖曳即可选中跟踪点，如图7-88所示。选好跟踪点后，松开鼠标就可以自定义创建平面，如图7-89所示。

图7-87　　　　　　　　　　　　图7-88　　　　　　　　　　　　图7-89

　　方法3：如果想选中特定的几个跟踪点该怎么做呢？只需要按住键盘上的Ctrl键不松手，使用光标指针去点选跟踪点即可，如图7-90所示。当选中第3个跟踪点后，软件会自动将这3个跟踪点生成一个平面，如图7-91所示。

　　步骤05：以石塔为例，如果要在石塔的其中一面创建平面，就选中该面上的3个跟踪点，然后单击鼠标右键，在弹出的子菜单中执行【创建实底和摄像机】命令，如图7-92所示。

图7-90　　　　　　　　　　　　图7-91　　　　　　　　　　　　图7-92

　　此时，在【合成】面板中可以看到，刚才的平面上出现了一个绿色图层，如图7-93所示。在【图层】面板中也多了【跟踪实底1】和【3D跟踪器摄像机】图层，如图7-94所示。

图7-93　　　　　　　　　　　　　　　　图7-94

　　步骤06：此时播放，可以看到跟踪实底已经牢牢贴合在石塔的其中一面。那么，最终合成的其他特效素材该如何进行替换呢？

　　在【项目】面板中导入特效素材"裂缝"，在【图层】面板中单击【跟踪实底1】，将其激活，同时按住键盘上的Alt键，将特效素材拖曳至跟踪实底，如图7-95所示。这样就可以将跟踪实底替换为特效素材了，如图7-96所示。

　　步骤07：为了让涂鸦素材能够更好地与石塔融合，可以将涂鸦素材的混合模式改为【叠加】，如图7-97所示。此时，【合成】面板的画面如图7-98所示。

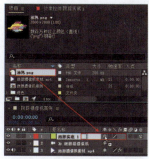

图7-95　　　　　　　图7-96　　　　　　　图7-97　　　　　　　图7-98

步骤08： 此时播放，可以看到素材已经牢牢贴合在石塔上，如图7-99所示。

图7-99

7.7 跟踪摄像机和跟踪运动的区别

【跟踪摄像机】：跟踪的是拍摄视频时摄像机的移动轨迹，并能够求解出三维空间中的数据点。通过这些数据点可以建立三维图层，在三维空间中进行特效合成。

【跟踪运动】：只会跟踪视频中某一个运动的物体，且跟踪点会随着物体的移动而移动（无摄像机、无三维空间数据点）。

7.8 跟踪移除效果

微课视频

7.8.1 内容识别填充的原理

【内容识别填充】主要利用被抠除物体周围的像素将需要抠除的物体通过软件自带分析填充上，其面板如图7-100所示。比如，一面白墙上有一个黑点，如果将这个黑点抠除，就可以利用黑点周围的白色将黑色填充掉。

【填充目标】：也就是需要抠除的部分，我们可以通过【钢笔工具】绘制蒙版来限定范围。

【阿尔法扩展】：和蒙版扩展类似，可以调整蒙版范围的大小。

【填充方法】：包括"对象""表面""边缘混合"三类。需要根据填充对象的不同选择合适的方法。

【光照校正】：包括"精细""中等""强"三类。勾选后软件在自动生成填充图层时，会根据周围的光线变化进行智能校正，使其填充效果更完美。

图7-100

【范围】：包括"整体持续时间"和"工作区"两类。前者是在整个合成的持续时间内填充，后者是在设定的工作区内填充。

【创建参照帧】：通过参照帧进行布局和定位。将其他图层或效果元素拖动到参照帧之上，并根据参照帧的位置和尺寸进行调整。参照帧可以更准确地定位元素，保持填充的一致性。

【生成填充图层】：软件可以智能生成填充图层来填充想要抠除的画面。

7.8.2 内容识别填充的应用

步骤01： 打开After Effects软件新建合成，【合成名称】改为"内容识别填充案例"，【预设】选择"HDTV 1080 25",【宽度】和【高度】分别为"1920px"和"1080px",【像素长宽比】为"方形像素",【帧速率】为"25帧/秒",【持续时间】为"5秒",如图7-101所示。

步骤02：在【项目】面板中导入本案例的素材，并将其拖曳至【图层】面板，如图7-102所示。此时，【合成】面板画面如图7-103所示。

图7-101

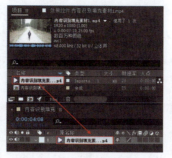
图7-102

图7-103

步骤03：将光标指针放在【时间轴】的第1帧，使用【钢笔工具】 将需要抠除的主体绘制出来，如图7-104所示。然后回到【图层】面板将蒙版的混合模式改为"无"，【蒙版羽化】增加到"5"，如图7-105所示。此时，【合成】面板画面如图7-106所示。

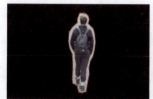
图7-104

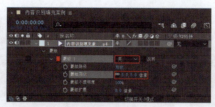
图7-105

图7-106

步骤04：在【图层】面板中选中刚才绘制的蒙版，回到【跟踪器】面板单击【向前跟踪所选蒙版】按钮 ，如图7-107所示。等待软件跟踪完成后，就可以在【图层】面板中看到蒙版路径已经自动生成了很多关键帧，同时将蒙版的混合模式改为"相减"，如图7-108所示。

此时，【合成】面板画面如图7-109所示。

图7-107

图7-108

图7-109

步骤05：在【图层】面板中单击蒙版路径后，回到【内容识别填充】面板，将【填充方法】改为"对象"，勾选【光照校正】，校正的效果选择"强"，【范围】选择"工作区"，单击【生成填充图层】，此时，可以看到软件正在分析画面，如图7-110所示。

分析完毕后，软件就会智能填充蒙版内部的画面，如图7-111所示。

图7-110

图7-111

步骤06： 选中的主体已经被智能抠除了，最终效果如图7-112所示。

（原视频） （移除后）

图7-112

7.9 【课堂练习】文字注释跟踪包装案例

步骤01： 打开After Effects软件新建合成，【合成名称】改为"课堂练习"，【预设】选择"HDTV 1080 25"，【宽度】和【高度】分别为"1920px"和"1080px"，【像素长宽比】为"方形像素"，【帧速率】为"25帧/秒"，【持续时间】为"5秒"，如图7-113所示。

步骤02： 在【项目】面板中导入本案例的素材，并将其拖曳至【图层】面板，如图7-114所示。此时，【合成】面板画面如图7-115所示。

图7-113 图7-114 图7-115

步骤03： 在【图层】面板中单击素材将其激活，回到【跟踪器】面板单击【跟踪运动】，如图7-116所示。此时，在【合成】面板的右侧会自动弹出【图层】面板，同时【图层】面板也会出现一个"跟踪点1"，如图7-117所示。

步骤04： 移动"跟踪点1"的位置到需要跟踪的素材上，并扩大【搜索区域】和【特征区域】，如图7-118所示。

图7-116 图7-117 图7-118

步骤05： 确定好跟踪点后，在【跟踪器】面板中单击【向前分析】按钮▶，如图7-119所示。此时，软件会自动进行跟踪，跟踪完成后就可以在【时间轴】上看到密密麻麻的关键帧，如图7-120所示。这些关键帧是软件自动生成的，同时在【图层】面板也能看到跟踪点的路径，如图7-121所示。

图7-119

图7-120

图7-121

步骤06：在【图层】面板中单击鼠标右键，执行【新建】-【空对象】命令。此时，【图层】面板就会多出一个空对象"空1"，如图7-122所示。空对象的作用就是将刚才跟踪的数据移动到它的上面。

图7-122

步骤07：那么该如何移动呢？回到【跟踪器】面板单击【编辑目标】，如图7-123所示。在弹出的【运动目标】对话框中"将运动应用于"刚才新建的空对象"空1"，如图7-124所示。

图7-123

图7-124

步骤08：接着在【跟踪器】面板中单击【应用】按钮，如图7-125所示，在弹出的【动态跟踪器应用选项】对话框中单击【确定】按钮，如图7-126所示。此时，可以看到【合成】面板的空对象上已经有了刚才的跟踪数据，如图7-127所示。

图7-125

图7-126

图7-127

步骤09：接下来，就需要制作跟踪素材了。单击【新建合成】图标 ，【合成名称】改为"信号"，【预设】选择"HDTV 1080 25"，【宽度】和【高度】分别为"1080px"和

"1080px"，【像素长宽比】为"方形像素"，【帧速率】为"25帧/秒"，【持续时间】为"5秒"，如图7-128所示。

步骤10：在【图层】面板中单击鼠标右键，执行【新建】-【纯色】命令，如图7-129所示。在弹出的【纯色设置】对话框中将颜色设置为"白色"，如图7-130所示。

图7-128

图7-129

图7-130

步骤11：在【效果和预设】面板中搜索【无线电波】，将生成下的【无线电波】按住鼠标左键拖曳到纯色图层上，如图7-131所示。

步骤12：在【效果控件】面板中调整【无线电波】的参数，将【颜色】改为"淡蓝色■"，【配置文件】改为"出点锯齿"，【淡入时间】改为"0"，【淡出时间】改为"50"，【开始宽度】改为"100"，【末端宽度】改为"80"，如图7-132所示。调整完毕后，【合成】面板的画面如图7-133所示。

图7-131

图7-132

图7-133

步骤13：在【项目】面板中将刚才做好的【信号】合成，拖曳到【图层】面板，如图7-134所示。在【图层】面板中将信号的中心放在跟踪点上，如图7-135所示。

接下来，只需要将空对象作为【信号】的父级即可，如图7-136所示。此时，【合成】面板画面如图7-137所示。

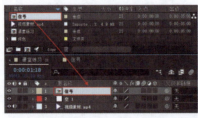
图7-134

图7-135

图7-136

图7-137

After Effects+AIGC 视觉特效与合成
——影视+UI动效+MG动画（全彩微课版）

步骤14：最后制作文字提示框。单击【新建合成】图标，【合成名称】改为"提示框"，【预设】选择"HDTV 1080 25"，【宽度】和【高度】分别为"800px"和"800px"，【像素长宽比】为"方形像素"，【帧速率】为"25帧/秒"，【持续时间】为"5秒"，如图7-138所示。

图7-138

步骤15：在【工具栏】中使用【椭圆工具】，在【合成】面板中按住鼠标左键绘制的同时按住Shift键不松手，就可以绘制一个正圆，如图7-139所示。同时，将【填充】改为"纯白色"，关闭【描边】效果，如图7-140所示。回到【图层】面板，将绘制出来的这个圆点的名称改为"内圈"，如图7-141所示。

图7-139 　　　　　　　图7-140 　　　　　　　图7-141

步骤16：回到【图层】面板，按组合键Ctrl+D将内圈复制一层，重命名为"外圈"，并将它的【缩放】属性改为"250"，如图7-142所示。然后，关闭该图层的【填充】效果，将【描边】改为"3"，如图7-143所示。此时，【合成】面板画面如图7-144所示。

图7-142 　　　　　　　图7-143 　　　　　　　图7-144

步骤17：在【工具栏】中使用【钢笔工具】绘制一个指示线，如图7-145所示。同时关闭【填充】效果，将【描边】改为"5"，如图7-146所示。

然后，在【图层】面板中将图层重命名为"线条"，展开【内容】-【形状1】-【描边1】，将线段端点改为"圆头端点"，如图7-147所示。平头端点和圆头端点的区别如图7-148所示。

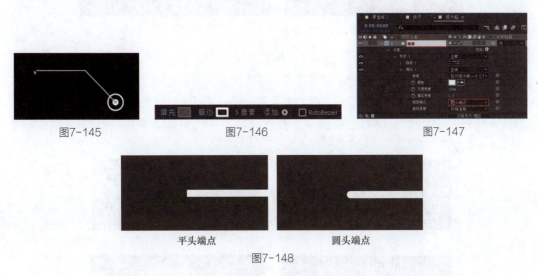

图7-145 　　　　　　　图7-146 　　　　　　　图7-147

平头端点 　　　　　　　圆头端点

图7-148

步骤18：回到【工具栏】，使用【文字工具】在【合成】面板中输入文字"超远距离信号"，如图7-149所示。

步骤19：制作动画。将光标放在【时间轴】的第1帧，分别给外圈和内圈的【缩放】属性打上"关键帧"，并将其参数改为"0"，如图7-150所示。光标往后移动8帧，将外圈【缩放】属性的参数改为"270"，内圈【缩放】属性的参数改为"120"。再将光标往后移动3帧，将外圈【缩放】属性的参数改为"250"，内圈【缩放】属性的参数改为"100"。调整参数后，整体将外圈的所有关键帧向后移动3帧，如图7-151所示。

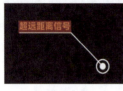 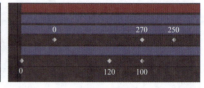

图7-149　　　　　　　图7-150　　　　　　　　　　图7-151

步骤20：为了让动画更顺畅一些，选中全部关键帧，按键盘上的F9键添加【缓动】效果，如图7-152所示。

步骤21：回到【图层】面板展开【线条】，单击内容后方的【添加】按钮 ◙，在弹出的子菜单中执行【修剪路径】命令，如图7-153所示。

图7-152　　　　　　　　　　　　　图7-153

步骤22：回到【图层】面板，将光标指针移动到外圈和内圈动画快结束的位置，给【修剪路径】的【结束】属性打上"关键帧"，并将其参数改为"0"，如图7-154所示。将光标向后移动10帧，并将【结束】属性的参数改为"100"，如图7-155所示。

图7-154　　　　　　　　　　图7-155

步骤23：在【图层】面板中单击文字图层将其激活，使用【矩形蒙版工具】 ▣ 框选住文字，如图7-156所示，此时，就会在文本图层的下方出现【蒙版1】。

步骤24：为【蒙版路径】打上"关键帧"，如图7-157所示。同时将【蒙版路径】调整至"文字不可见"，如图7-158所示。等提示框完全出现后，将【蒙版路径】调至可见状态，如图7-159所示，此时会自动生成第2个关键帧。

图7-156　　　　　　　　　　图7-157

图7-158　　　　　　　　　　图7-159

After Effects+AIGC 视觉特效与合成
——影视+UI动效+MG动画（全彩微课版）

步骤25： 将第2个关键帧处理成【缓动】效果，即选中全部关键帧，按键盘上的F9键添加【缓动】效果，如图7-160所示。

步骤26： 在【项目】面板中将刚才做好的【提示框】拖曳到【图层】面板，如图7-161所示。

图7-160

图7-161

步骤27： 在【合成】面板中使用【向后平移（锚点）工具】 将【提示框】的锚点移动到白色小圆点上，同时将锚点移动到跟踪点上，如图7-162所示。最后只需要将空对象作为【提示框】的父级即可，如图7-163所示。

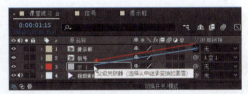

图7-162

图7-163

步骤28： 在【图层】面板中单击【信号】合成将其激活，使用【椭圆形蒙版工具】 绘制一个正圆，如图7-164所示。回到【图层】面板展开蒙版，将【蒙版羽化】属性的参数改为"100"，如图7-165所示。

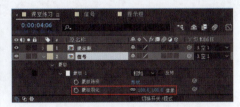

图7-164

图7-165

步骤29： 此时播放，可以看到【信号】和【提示框】已经牢牢跟踪在遥控器上。这样，一个简单的文字注释跟踪包装案例就完成了，如图7-166所示。

图7-166

7.10 本章小结

本章主要学习了【跟踪和移除】效果。了解了跟踪的概念及其应用场景，如广告制作、微电影、宣传片拍摄、特效合成包装等。

在实操过程中，我们学习了单点跟踪、两点跟踪及四点跟踪。通过跟踪运动，我们可以处理一些简单场景的跟踪，如果镜头运动更复杂，我们就需要用到【跟踪摄像机】的功能，这也是需要大家重点掌握的部分。大家要学会如何反求摄像机的运动轨迹，知道跟踪运动和跟踪摄像机的区别。

最后，我们学习了跟踪移除效果，也就是【内容识别填充】功能，通过这个功能可以去除画面中一些不想保留的部分。大家要通过课堂练习案例和课堂作业来巩固本章所学的知识。

7.11 【课后习题】人像美容修复案例

微课视频

观察处理前的素材，可以看到人物手臂上有一颗痣，可以把它类比为人脸上的痘印或者疤痕，那么该如何对皮肤进行美容呢？这就需要用到本章所学的跟踪和移除效果，也就是【内容识别填充】功能，如图7-167所示。

处理前　　　　　　　　　　　　　　　　　　　处理后

图7-167

关键步骤提示

01 分析素材。播放原始素材，找到需要移除或者美化的主体。

02 绘制蒙版。使用【钢笔工具】绘制蒙版，将需要移除或美化的部分框选起来。

03 跟踪蒙版。因为视频素材是动态的，所以需要使用【跟踪器】将蒙版路径跟踪处理。

04 内容识别填充。根据素材分析选择【填充方法】，以达到最好的移除或美化效果。

After Effects+AIGC 视觉特效与合成
——影视+UI动效+MG动画（全彩微课版）

第 **8** 章 | 常用的视频特效

8.1 初识视频特效

微课视频

8.1.1 什么是视频效果

人们看到的各种视频特效，如风雨交加、白天转夜晚、电闪雷鸣，以及赛博朋克式的未来景观等，都是通过软件内置的效果器制作出来的。效果种类众多，被广泛应用于广告、宣传片、电视、电影等影视后期领域。

在After Effects中，通过向原始图层添加特效，并精细调整参数，即可得到最终想要的特效，如图8-1所示。

图8-1

8.1.2 效果的分类

视频效果包含很多类型，每个类型下又包含各种各样的效果。

根据日常使用经验，掌握以下8种常用的类目至关重要，如【风格化】、【过渡】、【模糊和锐化】、【扭曲】、【模拟】、【生成】、【透视】，以及【杂色和颗粒】等类目，如图8-2所示。

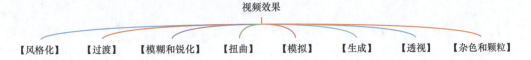

图8-2

8.1.3 如何添加视频效果

步骤01：打开After Effects软件新建合成，将【合成名称】改为"灯泡"，【预设】选择"HDTV 1080 25"，【宽度】和【高度】分别为"1920px"和"1080px"，【像素长宽比】为"方形像素"，【帧速率】为"25帧/秒"，【持续时间】为"5秒"，如图8-3所示。

步骤02：在【项目】面板中导入"灯泡"的素材，并将其拖曳至【图层】面板，如图8-4所示。此时，【合成】面板画面如图8-5所示。

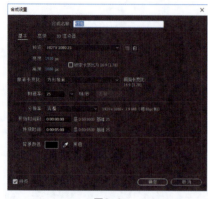

图8-3　　　　　　　　　　　图8-4　　　　　　　　　　　图8-5

如果要为画面添加【发光】效果，该如何操作呢？

方法1：在【效果和预设】面板的搜索栏  中直接搜索，如图8-6所示。然后，按住鼠标左键直接将【发光】效果拖曳给【合成】面板的素材，如图8-7所示。此时，【合成】面板的画面如图8-8所示。

方法2：在【时间轴】面板中单击需要添加的图层，将其激活后，回到【效果】菜单栏中选择所需要的效果单击即可，如图8-9所示。

图8-6　　　　　　　　　　图8-7　　　　　　　　　　图8-8　　　　　　　　　　图8-9

方法3：在【时间轴】面板中单击需要添加的图层，将其激活后，将光标放置在该图层上，单击鼠标右键执行【效果】命令，然后在弹出的子菜单中选择需要添加的效果即可，如图8-10所示。

图8-10

8.1.4 如何保存效果预设

知道了如何添加效果，那么该如何将调整参数后的效果进行保存，以便下次直接使用呢？在【效果控件】面板中添加【自然饱和度】和【三色调】按住Ctrl键不松手，分别单击这两个效果，就可以将它们同时选中，如图8-11所示。

在【效果和预设】面板中单击右下角的【创建新动画预设】按钮 ，如图8-12所示。在弹出的【动画预设另存为】对话框中将预设名称改为"保存新的动画预设-演示.ffx"，如图8-13所示。

这样，新的效果预设就保存好了。那么该如何找到它呢？

进入【效果和预设】面板，在搜索栏 中直接搜索刚才保存的新名称即可，如图8-14所示。

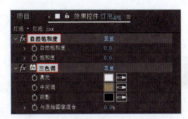

图8-11

图8-12

图8-13

图8-14

8.2 【风格化】类目

【风格化】类目可以为作品添加各种风格的特效。就像画画一样，它分为铅笔画、水彩画、水墨画、油画、素描等类型，有各种各样的风格。

要在After Effects中实现画面的不同风格就需要添加不同的效果，如图8-15所示。本节重点学习【风格化】类目下的13种效果，它们是【阈值】、【画笔描边】、【彩色浮雕】、【浮雕】、【马赛克】、【色调分离】、【动态拼贴】、【发光】、【查找边缘】、【毛边】、【CC Burn Film】（CC胶片烧灼）、【CC Glass】（CC玻璃）和【CC Vignette】（CC电影暗角）。

微课视频

阈值
画笔描边
卡通
散布
CC Block Load
CC Burn Film
CC Glass
CC HexTile
CC Kaleida
CC Mr. Smoothie
CC Plastic
CC RepeTile
CC Threshold
CC Threshold RGB
CC Vignette
彩色浮雕
马赛克
浮雕
色调分离
动态拼贴
发光
查找边缘
毛边
纹理化
闪光灯

图8-15

8.2.1 阈值

【阈值】可以将画面变为高对比度的黑白效果。

单击素材将其激活，在【菜单栏】中执行【效果】-【风格化】-【阈值】命令。此时，【效果控件】面板的参数设置如图8-16所示，为素材添加该效果的前后对比如图8-17所示。

原素材

添加效果后

图8-16

图8-17

8.2.2 画笔描边

【画笔描边】可以将画面变为画笔绘制的效果，常用于制作油画效果。

单击素材将其激活，在【菜单栏】中执行【效果】-【风格化】-【画笔描边】命令。此时，【效果控件】面板的参数设置如图8-18所示，为素材添加该效果的前后对比如图8-19所示。

原素材

添加效果后

图8-18

图8-19

8.2.3 彩色浮雕和浮雕

【彩色浮雕】和【浮雕】效果可以设置指定角度强化图像的边缘，从而模拟类似雕刻的凹凸起伏效果。它们的区别在于一个是彩色的，一个是黑白的。

单击素材将其激活，在【菜单栏】中执行【效果】-【风格化】-【彩色浮雕】或【浮雕】命令。此时，【效果控件】面板的参数设置如图8-20所示，为素材添加该效果的前后对比如图8-21所示。

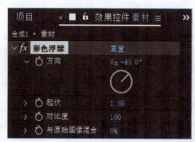

图8-20

After Effects+AIGC 视觉特效与合成
——影视+UI动效+MG动画（全彩微课版）

原素材

添加彩色浮雕效果后

原素材

添加浮雕效果后

图8-21

8.2.4 马赛克

【马赛克】可以将画面变为一个个单色矩形方块的拼接效果，常用于遮挡画面中不希望他人看到的物体。

单击素材将其激活，在【菜单栏】中执行【效果】-【风格化】-【马赛克】命令。此时，【效果控件】面板的参数设置如图8-22所示，为素材添加该效果的前后对比如图8-23所示。

图8-22

原素材

添加效果后

图8-23

8.2.5 色调分离

【色调分离】可以让画面中的色调分离，产生RGB颜色分离的效果。

单击素材将其激活，在【菜单栏】中执行【效果】-【风格化】-【色调分离】命令。此时，【效果控件】面板的参数设置如图8-24所示，为素材添加该效果的前后对比如图8-25所示。

图8-24

原素材

添加效果后

图8-25

8.2.6 动态拼贴

【动态拼贴】可以通过运动模糊进行自然拼接。

单击素材将其激活，在【菜单栏】中执行【效果】-【风格化】-【动态拼贴】命令。此时，【效果控件】面板的参数设置如图8-26所示，为素材添加该效果的前后对比如图8-27所示。

131

图8-26	原素材	添加效果后
	图8-27	

8.2.7 发光

【发光】可以找到画面中较亮的部分，并使这些像素的周围变亮，从而产生发光的效果。

单击素材将其激活，在【菜单栏】中执行【效果】-【风格化】-【发光】命令。此时，【效果控件】面板的参数设置如图8-28所示，为素材添加该效果的前后对比图8-29所示。

图8-28　　　　　　　　　　原素材　　　　　添加效果后

　　　　　　　　　　　　　　　　图8-29

8.2.8 查找边缘

【查找边缘】可以查找图层的边缘，准确识别图像，并强化边缘。

单击素材将其激活，在【菜单栏】中执行【效果】-【风格化】-【查找边缘】命令。此时，【效果控件】面板的参数设置如图8-30所示，为素材添加该效果的前后对比图8-31所示。

图8-30　　　　　　　　　　原素材　　　　　添加效果后

　　　　　　　　　　　　　　　　图8-31

8.2.9 毛边

【毛边】可以使画面的Alpha通道变得粗糙，常用于模拟报纸或纸张的边缘撕裂效果。

单击素材将其激活，在【菜单栏】中执行【效果】-【风格化】-【毛边】命令。此时，【效

After Effects+AIGC 视觉特效与合成
——影视+UI动效+MG动画（全彩微课版）

果控件】面板的参数设置如图8-32所示，为素材添加该效果的前后对比如图8-33所示。

<table>
<tr><td>图8-32</td><td>原素材</td><td>添加效果后
图8-33</td></tr>
</table>

原素材　　　　　添加效果后

图8-32　　　　　　　　　　　　　　图8-33

8.2.10　CC Burn Film（CC 胶片烧灼）

【CC Burn Film】（CC 胶片烧灼）可以模拟出胶片被灼烧后的效果。

单击素材将其激活，在【菜单栏】中执行【效果】-【风格化】-【CC Burn Film】命令。【效果控件】面板的参数设置如图8-34所示，为素材添加该效果的前后对比如图8-35所示。

原素材　　　　　添加效果后

图8-34　　　　　　　　　　　　　　图8-35

8.2.11　CC Glass（CC玻璃）

【CC Glass】（CC 玻璃）可以模拟出玻璃效果。

单击素材将其激活，在【菜单栏】中执行【效果】-【风格化】-【CC Glass】命令。此时，【效果控件】面板的参数设置如图8-36所示，为素材添加该效果的前后对比如图8-37所示。

原素材　　　　　添加效果后

图8-36　　　　　　　　　　　　　　图8-37

8.2.12　CC Vignette（CC 电影暗角）

【CC Vignette】（CC 电影暗角）可以模拟出电影画面四周的暗角晕影效果。

单击素材将其激活，在【菜单栏】中执行【效果】-【风格化】-【CC Vignette】命令。【效果控件】面板的参数设置如图8-38所示，为素材添加该效果的前后对比如图8-39所示。

原素材　　　　　　　　　　添加效果后

图8-38　　　　　　　　　　　　图8-39

8.3 【过渡】类目

【过渡】类目可以制作各种各样的画面切换过渡动画。

在该类目中，我们重点了解以下6种常用的效果，它们是【渐变擦除】、【卡片擦除】、【光圈擦除】、【径向擦除】、【百叶窗】和【CC Scale Wipe】（缩放擦除），如图8-40所示。

图8-40

8.3.1　渐变擦除

【渐变擦除】可以利用图片的明暗度来实现两个画面的平滑过渡。

单击素材将其激活，在【菜单栏】中执行【效果】-【过渡】-【渐变擦除】命令。此时，【效果控件】面板的参数设置如图8-41所示，为素材添加该效果的过渡画面如图8-42所示。

图8-41　　　　　　　　　　　　　图8-42

8.3.2　卡片擦除

【卡片擦除】可以模拟卡片滑动的过渡效果。

单击素材将其激活，在【菜单栏】中执行【效果】-【过渡】-【卡片擦除】命令。此时，【效果控件】面板的参数设置如图8-43所示，为素材添加该效果的过渡画面如图8-44所示。

图8-43　　　　　　　　　　　　　图8-44

After Effects+AIGC 视觉特效与合成
——影视+UI动效+MG动画（全彩微课版）

8.3.3 光圈擦除

【光圈擦除】可以通过修改Alpha通道进行多边形过渡效果。

单击素材将其激活，在【菜单栏】中执行【效果】-【过渡】-【光圈擦除】命令。此时，【效果控件】面板的参数设置如图8-45所示，为素材添加该效果的过渡画面如图8-46所示。

图8-45

图8-46

8.3.4 径向擦除

【径向擦除】可以通过修改Alpha通道进行径向擦除过渡效果。

单击素材将其激活，在【菜单栏】中执行【效果】-【过渡】-【径向擦除】命令。此时，【效果控件】面板的参数设置如图8-47所示，为素材添加该效果的过渡画面如图8-48所示。

图8-47

图8-48

8.3.5 百叶窗

【百叶窗】可以通过修改Alpha通道进行定向的条纹擦除过渡效果。

单击素材将其激活，在【菜单栏】中执行【效果】-【过渡】-【百叶窗】命令。此时，【效果控件】面板的参数设置如图8-49所示，为素材添加该效果的过渡画面如图8-50所示。

图8-49

图8-50

8.3.6 CC Scale Wipe（缩放擦除）

【CC Scale Wipe】（缩放擦除）可以通过置顶中心点进行拉伸缩放擦除过渡效果。

单击素材将其激活，在【菜单栏】中执行【效果】-【过渡】-【CC Scale Wipe】命令。此时，【效果控件】面板的参数设置如图8-51所示，为素材添加该效果的画面如图8-52所示。

图8-51　　　　　　　　　　　　　　　　图8-52

8.4 【模糊和锐化】类目

微课视频

【模糊和锐化】类目主要用于模糊和锐化图像。

在该类目中，重点了解以下9种常用的效果，它们是【CC Cross Blur】（交叉模糊）、【CC Radial Blur】（放射模糊）、【CC Radial Fast Blur】（快速放射模糊）、【定向模糊】、【钝化蒙版】、【锐化】、【快速方框模糊】、【高斯模糊】、【摄像机镜头模糊】，如图8-53所示。

图8-53

8.4.1 CC Cross Blur（交叉模糊）

【CC Cross Blur】（交叉模糊）可以对画面进行水平和垂直方向的模糊处理。

单击素材将其激活，在【菜单栏】中执行【效果】-【模糊和锐化】-【CC Cross Blur】命令。此时，【效果控件】面板的参数设置如图8-54所示，为素材添加该效果的前后对比画面如图8-55所示。

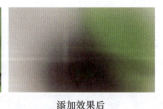

原素材　　　　　添加效果后

图8-54　　　　　　　　　　　图8-55

8.4.2 CC Radial Blur（放射模糊）

【CC Radial Blur】（放射模糊）可以对画面进行缩放或旋转的模糊处理。

单击素材将其激活，在【菜单栏】中执行【效果】-【模糊和锐化】-【CC Radial Blur】命令。此时，【效果控件】面板的该参数设置如图8-56所示，为素材添加该效果的前后对比画面如图8-57所示。

After Effects+AIGC 视觉特效与合成
——影视+UI动效+MG动画（全彩微课版）

原素材 添加效果后

图8-56 图8-57

8.4.3 CC Radial Fast Blur（快速放射模糊）

【CC Radial Fast Blur】（快速放射模糊）可以对画面进行径向模糊处理。

单击素材将其激活，在【菜单栏】中执行【效果】-【模糊和锐化】-【CC Radial Fast Blur】命令。此时，【效果控件】面板的参数设置如图8-58所示，为素材添加该效果的前后对比画面如图8-59所示。

原素材 添加效果后

图8-58 图8-59

8.4.4 定向模糊

【定向模糊】可以对画面进行自定义方向的模糊处理。

单击素材将其激活，在【菜单栏】中执行【效果】-【模糊和锐化】-【定向模糊】命令。此时，【效果控件】面板的参数设置如图8-60所示，为素材添加该效果的前后对比画面如图8-61所示。

原素材 添加效果后

图8-60 图8-61

8.4.5 钝化蒙版/锐化

【钝化蒙版】和【锐化】都可以通过调整画面细节、增强对比来锐化画面。

单击素材将其激活，在【菜单栏】中分别执行【效果】-【模糊和锐化】-【钝化蒙版】或【锐化】命令。此时，【效果控件】面板的参数设置如图8-62所示，为素材添加该效果的前后对比画面如图8-63所示。

原素材　　　　　添加效果后

图8-62　　　　　　　　　　　　图8-63

8.4.6　快速方框模糊/高斯模糊

【快速方框模糊】和【高斯模糊】都可以对画面进行模糊处理。

单击素材将其激活，在【菜单栏】中分别执行【效果】-【模糊和锐化】-【快速方框模糊】或【高斯模糊】命令。此时，【效果控件】面板的参数设置如图8-64所示，为素材添加该效果的前后对比画面如图8-65所示。

原素材　　　　　添加效果后

图8-64　　　　　　　　　　　　图8-65

8.4.7　摄像机镜头模糊

【摄像机镜头模糊】可以使用摄像机光圈的形状对画面进行模糊处理。

单击素材将其激活，在【菜单栏】中执行【效果】-【模糊和锐化】-【摄像机镜头模糊】命令。此时，【效果控件】面板的参数设置如图8-66所示，为素材添加该效果的前后对比画面如图8-67所示。

原素材　　　　　添加效果后

图8-66　　　　　　　　图8-67

8.5　【扭曲】类目

微课视频

【扭曲】类目可以对画面进行扭曲、旋转等变形操作。

在该类目中，我们重点了解以下11种常用的效果，它们是【球面化】、【放大】、【凸出】、【湍流置换】、【置换图】、【网格变形】、【旋转扭曲】、【波形变形】、【边角定位】、【CC Bend It】（CC弯曲）、【CC Page Turn】（CC翻页），如图8-68所示。

图8-68

8.5.1　球面化/放大/凸出

【球面化】【放大】【凸出】都是用来放大画面中部分图像的。

单击素材将其激活，在【菜单栏】中分别执行【效果】-【扭曲】-【球面化】或【放大】或【凸出】命令。此时，【效果控件】面板的参数设置如图8-69所示，为素材添加该效果的前后对比画面如图8-70所示。

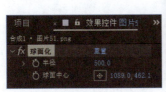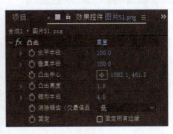

球面化　　　　　　　　　　　放大　　　　　　　　　　　凸出

图8-69

原素材　　　　　添加球面化效果后　　　添加放大效果后　　　添加凸出效果后

图8-70

8.5.2　湍流置换

【湍流置换】可以让画面产生不规则的扭曲效果。

单击素材将其激活，在【菜单栏】中执行【效果】-【扭曲】-【湍流置换】命令。此时，【效果控件】面板的参数设置如图8-71所示，为素材添加该效果的前后对比画面如图8-72所示。

原素材　　　　　　　　　添加效果后

图8-71　　　　　　　　　　　　　图8-72

8.5.3　置换图

【置换图】可以基于其他图层的像素对当前画面内容进行置换。

单击素材将其激活，在【菜单栏】中执行【效果】-【扭曲】-【置换图】命令。此时，【效果控件】面板的参数设置如图8-73所示，为素材添加该效果的前后对比画面如图8-74所示。

图8-73

原素材　　　　　　　　　　　添加效果后

图8-74

8.5.4　网格变形

【网格变形】可以在画面中添加网格，通过控制网格交叉点对画面进行变形处理。

单击素材将其激活，在【菜单栏】中执行【效果】-【扭曲】-【网格变形】命令。此时，【效果控件】面板的参数设置如图8-75所示，为素材添加该效果的前后对比画面如图8-76所示。

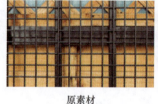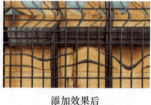

图8-75

原素材　　　　　　　　　　　添加效果后

图8-76

8.5.5　旋转扭曲

【旋转扭曲】可以让画面在指定位置产生扭曲和旋转效果。

单击素材将其激活，在【菜单栏】中执行【效果】-【扭曲】-【旋转扭曲】命令。此时，【效果控件】面板的参数设置如图8-77所示，为素材添加效果的前后对比画面如图8-78所示。

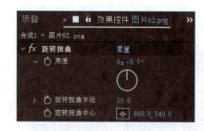

图8-77

原素材　　　　　　　　　　　添加效果后

图8-78

8.5.6　波形变形

【波形变形】可以让画面产生类似锯齿、波纹的变形效果。

单击素材将其激活，在【菜单栏】中执行【效果】-【扭曲】-【波形变形】命令。此时，【效果控件】面板的参数设置如图8-79所示，为素材添加该效果的前后对比画面如图8-80所示。

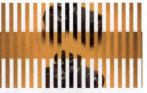

原素材   添加效果后

图8-79   图8-80

8.5.7 边角定位

【边角定位】可以通过调整画面4个角的位置对画面重新定位。

单击素材将其激活，在【菜单栏】中执行【效果】-【扭曲】-【边角定位】命令。此时，【效果控件】面板的参数设置如图8-81所示，为素材添加效果的前后对比画面如图8-82所示。

原素材   添加效果后

图8-81   图8-82

8.5.8 CC Bend It（CC弯曲）

【CC Bend It】（CC弯曲）可以使画面中的主体部分产生弯曲效果。

单击素材将其激活，在【菜单栏】中执行【效果】-【扭曲】-【CC Bend It】命令。此时，【效果控件】面板的参数设置如图8-83所示，为素材添加该效果的前后对比画面如图8-84所示。

原素材   添加效果后

图8-83   图8-84

【CC Page Turn】（CC翻页）可以让画面模拟书本翻页的效果。

单击素材将其激活，在【菜单栏】中执行【效果】-【扭曲】-【CC Page Turn】命令。此时，【效果控件】面板的参数设置如图8-85所示，为素材添加该效果的画面如图8-86所示。

图8-85

图8-86

8.6 【模拟】类目

微课视频

【模拟】类目可以模拟出各种特殊的效果，比如雨雪天气和气泡粒子等。

在该类目中，我们重点了解以下11种常用的效果，它们是【焦散】、【泡沫】、【波形环境】、【碎片】、【CC Bubbles】（CC气泡）、【CC Drizzle】（CC蒙蒙细雨）、【CC Mr.Mercury】（CC水银）、【CC Particle Systems II】（CC粒子系统）、【CC Particle World】（CC三维粒子运动）、【CC Rainfall】（CC降雨）、【CC Snowfall】（CC降雪），如图8-87所示。

图8-87

8.6.1 焦散

【焦散】可以模拟水面折射或反射的自然效果。

单击素材将其激活，在【菜单栏】中执行【效果】-【模拟】-【焦散】命令。此时，【效果控件】面板的参数设置如图8-88所示，为素材添加该效果的前后对比画面如图8-89所示。

图8-88

原素材

添加效果后

图8-89

After Effects+AIGC 视觉特效与合成
——影视+UI动效+MG动画（全彩微课版）

8.6.2 泡沫

【泡沫】可以模拟出气泡、水滴等效果。

单击素材将其激活，在【菜单栏】中执行【效果】-【模拟】-【泡沫】命令。此时，【效果控件】面板的参数设置如图8-90所示，为素材添加该效果的画面如图8-91所示。

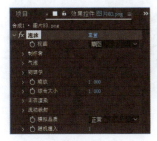
图8-90

图8-91

8.6.3 波形环境

【波形环境】可以模拟出水体的波纹、流动等效果。

单击素材将其激活，在【菜单栏】中执行【效果】-【模拟】-【波形环境】命令。此时，【效果控件】面板的参数设置如图8-92所示，为素材添加该效果的画面如图8-93所示。

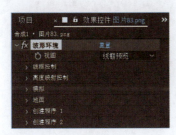
图8-92

图8-93

8.6.4 碎片

【碎片】可以模拟出爆炸的碎片飞散效果。

单击素材将其激活，在【菜单栏】中执行【效果】-【模拟】-【碎片】命令。此时，【效果控件】面板的参数设置如图8-94所示，为素材添加该效果的前后对比画面如图8-95所示。

图8-94

原素材　　　　　　添加效果后
图8-95

8.6.5 CC Bubbles（CC气泡）

【CC Bubbles】（CC气泡）可以根据画面内容模拟产生气泡的效果。

单击素材将其激活，在【菜单栏】中执行【效果】-【模拟】-【CC Bubbles】命令。此时，【效果控件】面板的参数设置如图8-96所示，为素材添加该效果的前后对比画面如图8-97所示。

图8-96 原素材 添加效果后

图8-97

8.6.6 CC Drizzle（CC蒙蒙细雨）

【CC Drizzle】（CC 蒙蒙细雨）可以模拟雨滴落入水面的涟漪效果。

单击素材将其激活，在【菜单栏】中执行【效果】-【模拟】-【CC Drizzle】命令。此时，【效果控件】面板的参数设置如图8-98所示，为素材添加该效果的前后对比画面如图8-99所示。

图8-98 原素材 添加效果后

图8-99

8.6.7 CC Mr.Mercury（CC 水银）

【CC Mr.Mercury】（CC 水银）可以模拟类似水银的液体的流动效果。

单击素材将其激活，在【菜单栏】中执行【效果】-【模拟】-【CC Mr.Mercury】命令。此时，【效果控件】面板的参数设置如图8-100所示，为素材添加该效果的前后对比画面如图8-101所示。

原素材 添加效果后

图8-100 图8-101

After Effects+AIGC+MG动画 视觉特效与合成
——影视+UI动效+MG动画（全彩微课版）

8.6.8　CC Particle Systems II（CC粒子系统）

【CC Particle Systems II】（CC 粒子系统）可以模拟各种类型的粒子系统，包括爆炸、烟花等效果。

单击素材将其激活，在【菜单栏】中执行【效果】-【模拟】-【CC Particle Systems II】命令。此时，【效果控件】面板的参数设置如图8-102所示，为素材添加该效果的画面如图8-103所示。

图8-102

图8-103

8.6.9　CC Particle World（CC三维粒子运动）

【CC Particle World】（CC 三维粒子运动）与【CC Particle Systems II】（CC粒子系统）的属性类似，二者的区别在于【CC Particle World】是三维粒子系统，而【CC Particle Systems II】是二维粒子系统。

单击素材将其激活，在【菜单栏】中执行【效果】-【模拟】-【CC Particle World】命令。此时，【效果控件】面板的参数设置如图8-104所示，为素材添加该效果的画面如图8-105所示。

图8-104

图8-105

8.6.10　CC Rainfall（CC降雨）

【CC Rainfall】（CC 降雨）可以模拟降雨效果。

单击素材将其激活，在【菜单栏】中执行【效果】-【模拟】-【CC Rainfall】命令。此时，【效果控件】面板的参数设置如图8-106所示，为素材添加该效果的前后对比画面如图8-107所示。

图8-106

原素材

添加效果后

图8-107

CC Snowfall（CC降雪）

【CC Snowfall】（CC降雪）可以模拟降雪效果。

单击素材将其激活，在【菜单栏】中执行【效果】-【模拟】-【CC Snowfall】命令。此时，【效果控件】面板的参数设置如图8-108所示，为素材添加该效果的前后对比画面如图8-109所示。

原素材　　　　　　　　　　　　　添加效果后

图8-108　　　　　　　　　　　　图8-109

8.7 【生成】类目

微课视频

【生成】类目可以生成很多图形或者特效，如圆形、光束、网格、闪电等。

在该类目中，我们重点了解14种常用的效果，它们是【圆形】、【椭圆】、【镜头光晕】、【光束】、【填充】、【网格】、【四色渐变】、【无线电波】、【梯度渐变】、【棋盘】、【油漆桶】、【音频频谱】、【音频波形】和【高级闪电】，如图8-110所示。

图8-110

8.7.1 圆形/椭圆

【圆形】和【椭圆】可以在画面上创建圆形及椭圆。

单击素材将其激活，在【菜单栏】中执行【效果】-【生成】-【圆形】或【椭圆】命令。此时，【效果控件】面板的参数设置如图8-111所示，为素材添加该效果的画面如图8-112所示。

图8-111

图8-112

After Effects+AIGC 视觉特效与合成
——影视+UI动效+MG动画（全彩微课版）

8.7.2 镜头光晕

【镜头光晕】可以模拟出真实自然的光晕效果。

单击素材将其激活，在【菜单栏】中执行【效果】-【生成】-【镜头光晕】命令。此时，【效果控件】面板的参数设置如图8-113所示，为素材添加该效果的前后对比画面如图8-114所示。

图8-113   原素材   添加效果后

图8-114

8.7.3 光束

【光束】可以模拟制作极光光束效果。

单击素材将其激活，在【菜单栏】中执行【效果】-【生成】-【光束】命令。此时，【效果控件】面板的参数设置如图8-115所示，为素材添加该效果的前后对比画面如图8-116所示。

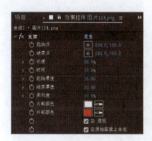

原素材   添加效果后

图8-115   图8-116

8.7.4 填充

【填充】可以为画面填充指定的颜色。

单击素材将其激活，在【菜单栏】中执行【效果】-【生成】-【填充】命令。此时，【效果控件】面板的参数设置如图8-117所示，为素材添加该效果的前后对比画面如图8-118所示。

原素材   添加效果后

图8-117   图8-118

8.7.5 网格

【网格】可以在画面上创建网格。

　　单击素材将其激活，在【菜单栏】中执行【效果】-【生成】-【网格】命令。此时，【效果控件】面板的参数设置如图8-119所示，为素材添加该效果的前后对比画面如图8-120所示。

原素材　　　　　　　　　　　添加效果后

图8-119　　　　　　　　　　　　　　图8-120

8.7.6 四色渐变

【四色渐变】可以制作4种颜色的渐变效果。

　　单击素材将其激活，在【菜单栏】中执行【效果】-【生成】-【四色渐变】命令。此时，【效果控件】面板的参数设置如图8-121所示，为素材添加该效果的画面如图8-122所示。

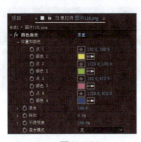 

图8-121　　　　　　　　　　　　　　图8-122

8.7.7 无线电波

【无线电波】可以模拟电波辐射的效果。

　　单击素材将其激活，在【菜单栏】中执行【效果】-【生成】-【无线电波】命令。此时，【效果控件】面板的参数设置如图8-123所示，为素材添加该效果的画面如图8-124所示。

图8-123　　　　　　　　　　　　　　图8-124

8.7.8 梯度渐变

【梯度渐变】可以生成两种颜色的渐变效果。

单击素材将其激活，在【菜单栏】中执行【效果】-【生成】-【梯度渐变】命令。此时，【效果控件】面板的参数设置如图8-125所示，为素材添加该效果的画面如图8-126所示。

图8-125

图8-126

8.7.9 棋盘

【棋盘】效果可以生成棋盘图案。

单击素材将其激活，在【菜单栏】中执行【效果】-【生成】-【棋盘】命令。此时，【效果控件】面板的参数设置如图8-127所示，为素材添加该效果的画面如图8-128所示。

图8-127

图8-128

8.7.10 油漆桶

【油漆桶】可以为画面中轮廓较明显的部分着色。

单击素材将其激活，在【菜单栏】中执行【效果】-【生成】-【油漆桶】命令。此时，【效果控件】面板的参数设置如图8-129所示，为素材添加该效果的前后对比画面如图8-130所示。

图8-129

原素材　　　　　　　添加效果后

图8-130

【音频频谱】和【音频波形】效果可以将音频转化为可视化频谱。

　　单击素材将其激活，在【菜单栏】中执行【效果】-【生成】-【音频频谱】或【音频波形】命令。此时，【效果控件】面板的参数设置如图8-131所示，为素材添加该效果的画面如图8-132所示。

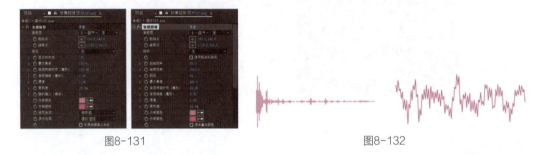

图8-131　　　　　　　　　　　　　　　　　　图8-132

8.7.12　高级闪电

【高级闪电】可以为画面创建各种形状的闪电效果。

　　单击素材将其激活，在【菜单栏】中执行【效果】-【生成】-【高级闪电】命令。此时，【效果控件】面板的参数设置如图8-133所示，为素材添加该效果的画面如图8-134所示。

8.8　【透视】类目

【透视】类目可以让画面产生各种透视效果。

　　在该类目中，我们重点了解以下6种常用效果。它们是【径向阴影】、【投影】、【斜面Alpha】、【边缘斜面】、【CC Cylinder】（CC圆柱体）、【CC Sphere】（圆球体），如图8-135所示。

图8-133　　　　　　　　　　　图8-134　　　　　　　　　　　图8-135

8.8.1　径向阴影/投影

【径向阴影】和【投影】可以让画面产生投影效果。

　　单击素材将其激活，在【菜单栏】中执行【效果】-【透视】-【径向阴影】或【投影】命令。

此时,【效果控件】面板的参数设置如图8-136所示,为素材添加该效果的前后对比画面如图8-137所示。

图8-136

原素材　　　　　　添加效果后

图8-137

8.8.2　斜面Alpha/边缘斜面

【斜面Alpha】和【边缘斜面】可以让画面边缘产生类似三维的厚度效果。

单击素材将其激活,在【菜单栏】中执行【效果】-【透视】-【斜面Alpha】或【边缘斜面】命令。此时【效果控件】面板的参数设置如图8-138所示,为素材添加该效果的画面如图8-139所示。

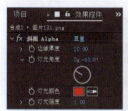

图8-138

图8-139

8.8.3　CC Cylinder(CC圆柱体)

【CC Cylinder】(CC圆柱体)可以让画面以圆柱体的形状呈现出来。

单击素材将其激活,在【菜单栏】中执行【效果】-【透视】-【CC Cylinder】命令。此时,【效果控件】面板的参数设置如图8-140所示,为素材添加该效果的前后对比画面如图8-141所示。

原素材　　　　　　添加效果后

图8-140　　　　　　　　　　　图8-141

8.8.4　CC Sphere(CC圆球体)

【CC Sphere】(CC圆球体)可以让画面以球体的形状展示出来。

单击素材将其激活，在【菜单栏】中执行【效果】-【透视】-【CC Sphere】命令。此时，【效果控件】面板的参数设置如图8-142所示，为素材添加该效果的前后对比画面如图8-143所示。

图8-142

原素材　　　　　　　　添加效果后

图8-143

8.9　【杂色和颗粒】类目

微课视频

图8-144

【杂色和颗粒】类目主要用于添加或移除画面中的噪点颗粒等。

在该类目中，我们重点了解以下5种常用的效果。它们是【分形杂色】【中间值】【移除颗粒】【添加颗粒】【蒙尘与划痕】，如图8-144所示。

8.9.1　分形杂色

【分形杂色】可以通过黑白明暗关系模拟制作各种特效，如气流、火焰、云雾等。

单击素材将其激活，在【菜单栏】中执行【效果】-【杂色和颗粒】-【分形杂色】命令。此时，【效果控件】面板的参数设置如图8-145所示，为素材添加该效果的画面如图8-146所示。

图8-145

图8-146

8.9.2　中间值

【中间值】常用于模糊画面或者去除水印。

单击素材将其激活，在【菜单栏】中执行【效果】-【杂色和颗粒】-【中间值】命令。此时，【效果控件】面板的参数设置如图8-147所示，为素材添加该效果的前后对比画面如图8-148所示。

After Effects+AIGC 视觉特效与合成
——影视+UI动效+MG动画（全彩微课版）

图8-147

原素材　　　　添加效果后
图8-148

8.9.3　移除颗粒与添加颗粒

【移除颗粒】和【添加颗粒】可以移除和添加画面中的颗粒。

单击素材将其激活，在【菜单栏】中执行【效果】-【杂色和颗粒】-【移除】或【添加颗粒】命令。此时，【效果控件】面板的参数设置如图8-149所示，为素材添加该效果的画面如图8-150所示。

图8-149

图8-150

8.9.4　蒙尘与划痕

【蒙尘与划痕】可以将指定半径内的像素更改为临近的像素，从而模糊画面。

单击素材将其激活，在【菜单栏】中执行【效果】-【杂色和颗粒】-【蒙尘与划痕】命令。此时，【效果控件】面板的参数设置如图8-151所示，为素材添加该效果的前后对比画面如图8-152所示。

图8-151

原素材　　　　添加效果后
图8-152

 8.10　【课堂练习】制作霓虹灯广告牌特效

步骤01：打After Effects软件新建合成，【合成名称】改为"总合成"，【预设】选择"HDTV 1080 25"，【宽度】和【高度】分别为"1920px"和"1080px"，【像素长宽比】为"方形像素"，【帧速率】为"25帧/秒"，【持续时间】为"5秒"，

微课视频

153

如图8-153所示。

步骤02：在【项目】面板中导入本案例的素材，并将其拖曳至【图层】面板，如图8-154所示。此时，【合成】面板画面如图8-155所示。

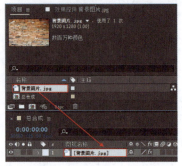

图8-153　　　　　　　　　　　图8-154　　　　　　　　　　　图8-155

观察画面可以看到，左右两侧并没有铺满整个画面，该如何解决这一问题呢？

步骤03：单击素材将其激活，在【菜单栏】中执行【效果】-【风格化】-【动态拼贴】命令。在【效果控件】面板中将【输出宽度】参数设置为"120"，如图8-156所示。此时，【合成】面板画面如图8-157所示，可以看到左右两侧的画面已经被填充上。

图8-156　　　　　　　　　　　　图8-157

步骤04：调整背景图片让它变得更暗一些，这样才能突出霓虹灯牌的发光效果。

单击素材将其激活，在【菜单栏】中执行【效果】-【颜色校正】-【Lumetri颜色】命令。在【效果控件】面板中将【色调】参数设置为"70"，【曝光度】参数设置为"-3"，【饱和度】参数设置为"50"，如图8-158所示。此时，【合成】面板画面如图8-159所示。

图8-158　　　　　　　　　　　图8-159

步骤05：按组合键Ctrl+Y新建一个纯色图层，在【纯色设置】面板中将名称改为"暗角"，【宽度】和【高度】分别为"1920px"和"1080px"，【颜色】为"黑色"，如图8-160所示。此时，【图层】面板就会多一个新的图层，如图8-161所示。

After Effects+AIGC 视觉特效与合成
——影视+UI动效+MG动画（全彩微课版）

图8-160　　　　　　　　　　　　　　图8-161

步骤06：为了让霓虹灯灯牌更加凸出，让四周变暗来凸出中间的主体，我们需要进行以下操作。

单击【暗角】图层将其激活，在【工具栏】中使用【椭圆工具】 绘制一个蒙版，限定暗角的显示范围，如图8-162所示。打开【图层】面板，展开【蒙版1】属性，勾选【反转】并将【蒙版羽化】参数改为"500"，如图8-163所示。此时，【合成】面板画面如图8-164所示。

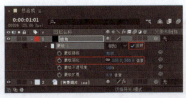

图8-162　　　　　　　　图8-163　　　　　　　　图8-164

步骤07：按组合键Ctrl+N，新建一个合成。在【合成设置】对话框中将【合成名称】改为"总合成"，【预设】选择"HDTV 1080 25"，【宽度】和【高度】分别为"1920px"和"1080px"，【像素长宽比】为"方形像素"，【帧速率】为"25帧/秒"，【持续时间】为"5秒"，如图8-165所示。

步骤08：在【工具栏】面板中选择【椭圆工具】 ，回到【合成】面板按住Shift键和鼠标左键拖动鼠标，即可绘制一个正圆。

图8-165

同时，关闭【填充】属性，将【描边】参数设为"16" ，【颜色】改为"橘黄色"。在【图层】面板中将名称改为"大圆圈"，如图8-166所示。此时，【合成】面板画面如图8-167所示。

图8-166　　　　　　　　　　　图8-167

步骤09：在【图层】面板中将"大圆圈"图层复制一份。单击该图层将其激活，按组合键Ctrl+D即可复制。将复制出来的图层【名称】改为"小圆圈"，【颜色】改为"深黄色"，【描

155

边宽度】设为"16"，【线段端点】改为"圆头端点"，添加虚线并将【虚线】参数设为"405"，如图8-168所示。

此时，【合成】面板画面如图8-169所示。

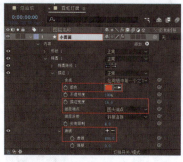

图8-168

图8-169

步骤10： 回到【工具栏】使用【文字工具】T，在【合成】面板中分别输入文字"HOTE"和"Accommodation"，调整字体、位置、大小、颜色，如图8-170所示。此时，【图层】面板就会多出两个文字图层，如图8-171所示。

图8-170

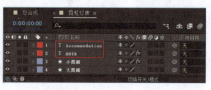

图8-171

步骤11： 在【工具栏】使用【星形工具】 ☆ 星形工具，在【合成】面板中按住鼠标左键拖曳，即可绘制一个五角星的图案，如图8-172所示。

回到【工具栏】使用【钢笔工具】 ✐ 钢笔工具，在文字"Accommodation"的下方画一条横线，在【图层】面板中将【颜色】改为"蓝色"，添加虚线并将【虚线】参数设为"26"，如图8-173所示。

接下来，我们要给虚线制作动画。按住键盘上的Alt键不松手，单击【偏移】前方的图标 ⏱，即可调出表达式的输入框，此时，写入表达式"time*100"，如图8-174所示。

图8-172

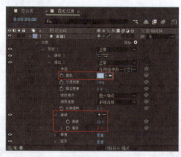

图8-173

图8-174

步骤12： 在【图层】面板中将"虚线1"图层复制一份。单击该图层将其激活，按组合键Ctrl+D 复制。将复制出来的图层【名称】改为"虚线2"，如图8-175所示。然后，调整"虚线1"和"虚线2"的位置，如图8-176所示。

After Effects+AIGC 视觉特效与合成
——影视+UI动效+MG动画（全彩微课版）

图8-175　　　　　　　　　　　　　　图8-176

步骤13：为"小圆圈"和"HOTE"两个图层添加【四色渐变】效果，如图8-177和图8-178所示。

图8-177　　　　　　　　　　图8-178

步骤14：在【项目】面板中将【霓虹灯牌】拖曳至【图层】面板，如图8-179所示。此时，【合成】面板画面如图8-180所示。

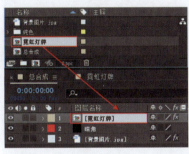

图8-179　　　　　　　　　　　图8-180

步骤15：单击【霓虹灯牌】将其激活，在【菜单栏】中执行【效果】-【风格化】-【发光】命令。

在【效果控件】面板中将【发光半径】属性的参数改为"90"，如图8-181所示。为素材添加该效果的画面如图8-182所示。

图8-181　　　　　　　　　　　　图8-182

步骤16：单击【霓虹灯牌】将其激活，在【菜单栏】中执行【效果】-【透视】-【投影】命令。在【效果控件】面板将【方向】属性的参数设为"+135",【距离】属性的参数设为"25",如图8-183所示。

此时,【合成】面板画面如图8-184所示。这样,一个发光的霓虹灯广告牌效果就制作完成了。

图8-183

图8-184

8.11 本章小结

本章主要学习了After Effects中常用的视频特效。

首先,了解了什么是视频效果、视频效果的分类,以及添加视频效果的3种方法和如何保存效果预设。

其次,我们根据日常使用经验,带大家重点了解了8种常用的类目。它们是【风格化】类目、【过渡】类目、【模糊和锐化】类目、【扭曲】类目、【模拟】类目、【生成】类目、【透视】类目、【杂色和颗粒】类目。

最后,通过一个课堂练习案例,我们将部分效果组合使用,制作了一个霓虹灯广告牌发光的效果。大家在实际操作的时候,也要思考如何通过不同的组合搭配实现不同的效果。

8.12 【课后习题】流动光晕勾勒文字标题效果

观察图8-185的最终效果可以看到:文字是从无到有生长出来的,在文字路径运动的过程中,有不同颜色的光晕跟随运动。

所以,该效果的难点就在于如何制作文字轮廓的生长动画,以及光晕跟随运动的效果。

微课视频

图8-185

关键步骤提示

01 添加背景(图片或视频都可以)并新建文字。

02 从文字创建蒙版,添加【描边】效果并制作路径生长动画。

03 添加【镜头光晕】效果并将光晕中心绑定到文字生长的路径上。

04 添加【曲线】效果,通过"RGB"曲线调整光晕的颜色。

第9章 | UI动效和MG动画

9.1 初识UI动效和MG动画

微课视频

9.1.1 什么是UI动效

UI动效也被称为动效设计，即动态效果的设计，是UI设计不可或缺的组成部分。UI动效有4种常见类型：内容呈现类、交互反馈类、过渡转场类和聚焦重点类。其作用在于吸引用户、更清晰地展示产品，便于品牌推广。UI动效示例如图9-1所示。

图9-1

【内容呈现类】：界面元素根据规律逐级呈现的动效，让内容呈现更为流畅丰富，还能引导用户的视觉焦点，帮助其更好地了解产品的界面布局、结构以及重点内容。

【交互反馈类】：用户在界面中的单击、长按、拖曳等交互操作都需要系统即时给予反馈。这一类型的UI动效就是通过动态展示反馈，辅助用户即时感知系统响应，避免用户因等待而产生烦躁情绪。

【过渡转场类】：界面在过渡转场时的动画效果，不仅可以让界面更为生动，还能帮助用户理解界面过渡的逻辑。

【聚焦重点类】：添加在重点内容上的动效。这类动效可以轻易吸引用户的注意力，使其关注到界面中的重点内容。

此外，UI动效的设计还需要考虑运动画面的统一性、预知操作结果、运动连续流畅性、增加趣味活力、集中用户注意力、加强反馈和理解等方面。

9.1.2 什么是MG动画

MG动画的英文全称为Motion Graphics，直接翻译为动态图或者图动画。通常指的是视频设计、多媒体CG设计、电视包装等。动态图指的是"随时间流动而改变形态的图"，简单来说动态图可以解释为会动的图设计，是影像艺术的一种。

动态图融合了平面设计、动画设计和电影语言，表现形式丰富多样，具有极强的包容性，总能和各种表现形式以及艺术风格混搭。动态图的主要应用领域集中于节目频道包装、电影电视片头、商业广告、MV、现场舞台屏幕、互动装置等，如图9-2所示。

图9-2

【知识拓展】MG动画的制作流程。

【创意构思】：首先需要确定MG动画的主题和创意点，进行剧本构思和分镜头的规划。

【设计制作】：根据剧本构思和分镜头规划，进行图设计、动画设计、音效设计等制作工作。

【合成调试】：将图、动画、音效等元素进行合成调试，呈现出完整的MG动画作品。

【测试发布】：根据不同的应用场景和需求进行相应调整和完善。

总之，MG动画以独特的视觉效果和表现力吸引了越来越多的受众。通过精心的创意和制作，我们可以将MG动画应用到各种领域中，提高品牌形象和市场竞争力。

9.2 【课堂练习】App图标小动画

微课视频

9.2.1 形状图层详解

After Effects中的形状图层 是一种重要的图层类型，它可以通过【钢笔工具】或预设形状来创建二维矢量图。形状图层自带两个属性：【描边】和【填充】，如图9-3所示。

【描边】：设置形状的轮廓

【填充】：设置形状内部的填充颜色。

创建形状图层的方法如下。

方法1：使用软件自带的形状工具绘制。After Effects中自带了5种形状工具。它们是【矩形工具】、【圆角矩形工具】、【椭圆工具】、【多边形工具】和【星形工具】，如图9-4和图9-5所示。

图9-3

图9-4

图9-5

方法2: 通过文本创建形状图层。将文本图层转换为形状图层，只需右键单击文本图层，选择"从文字创建形状"即可，如图9-6所示。此时，【图层】面板中就会出现文字的轮廓，如图9-7所示，效果如图9-8所示。

图9-6

图9-7

图9-8

方法3: 使用【钢笔工具】绘制形状。在【工具栏】面板中使用【钢笔工具】 🖊️ 钢笔工具 在【合成】面板中直接绘制形状，即可创建自定义图案的形状图层，如图9-9所示。

方法4: 使用PNG图片创建形状图层。单击PNG图片将其激活，执行【图层】-【自动追踪】命令，如图9-10所示。在弹出的【自动追踪】面板中单击【确定】按钮，如图9-11所示。此时，软件就会自动根据图片的轮廓创建形状图层，如图9-12所示。

图9-9

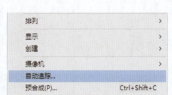
图9-10

图9-11

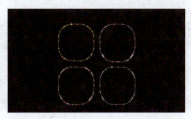

图9-12

9.2.2 为形状图层添加效果

打开After Effects软件，使用【椭圆工具】 ⬤ 椭圆工具 和【多边形工具】 ⬤ 多边形工具 在【合成】面板中分别绘制一个正圆形和五边形，如图9-13所示。在【图层】面板中可以看到对应的两个图层为"椭圆1"和"多边星形1"，如图9-14所示。

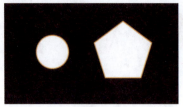

图9-13　　　　　　　　　　　　　图9-14

问题1：如何更改图层的名称？

　　单击需要更改名称的图层，将其激活，如"椭圆1"，如图9-15所示。此时，只需要在英文输入法的状态下按键盘上的Enter键，即可重新修改图层名称，如图9-16所示。

图9-15　　　　　　　　　　　　　图9-16

问题2：如何为图层添加效果？

　　如果想为图层添加自带效果，只需要在内容后方单击【添加】按钮 添加：❶，即可在弹出的子菜单中选择要添加各种效果，如图9-17所示。在该效果组下，我们先重点介绍【组（空）】和【合并路径】2个效果。

图9-17

9.2.3　【组（空）】属性详解

　　单击内容后方的【添加】按钮 添加：❶，执行【组（空）】命令。此时，【图层】面板就会多出一个新的图层，如图9-18所示。接着，按住键盘上的Ctrl键不松手，单击"左椭圆""多边星形1"，将它们同时选中，拖曳至"组1"下方即可将两个图层归类，如图9-19所示。

图9-18　　　　　　　　　　　　　图9-19

　　【组（空）】就相当于一个文件夹，它可以整理归纳各个图层。

9.2.4　【合并路径】属性详解

　　在【图层】面板单击"形状图层1"图层，将其激活后，单击【添加】按钮 ❶，在弹出的子菜单中执行【合并路径】命令，此时，【图层】面板就会多出一个图层，如图9-20所示。

　　在【合并路径】属性中，我们重点了解它的5个模式，如图9-21所示。

After Effects+AIGC 视觉特效与合成
——影视+UI动效+MG动画（全彩微课版）

图9-20　　　　　　　　　　　　　　　　　图9-21

当模式为【合并】时，【合成】面板画面如图9-22所示。
当模式为【相加】时，【合成】面板画面如图9-23所示。
当模式为【相减】时，【合成】面板画面如图9-24所示。
当模式为【相交】时，【合成】面板画面如图9-25所示。
当模式为【排除交集】时，【合成】面板画面如图9-26所示。

图9-22　　　　　　　　　　　　　　　　　图9-23

图9-24　　　　　　　　　图9-25　　　　　　　　　图9-26

9.2.5 案例实操

微课视频

步骤01：打开After Effects软件新建合成，【合成名称】改为"App图标动画"，【预设】选择"HDTV 1080 25"，【宽度】和【高度】分别为"1920px"和"1080px"，【像素长宽比】为"方形像素"，【帧速率】为"25帧/秒"，【持续时间】为"5秒"，如图9-27所示。

步骤02：按组合键Ctrl+Y，在弹出的【纯色设置】对话框中将【宽度】和【高度】设为"1920像素"和"1080像素"，【颜色】设为"米黄色"，如图9-28所示。此时，【图层】面板就多了一个纯色图层，如图9-29所示。

图9-27　　　　　　　　　图9-28　　　　　　　　　图9-29

步骤03：在【工具栏】单击【圆角矩形工具】，在【合成】面板中按住鼠标左键进行拖曳，即可绘制一个圆角矩形，将填充颜色设为"绿色"，同时关闭描边。此时，【合成】面板画面如图9-30所示。

步骤04：在【图层】面板中将形状图层1的名称改为"App图标"，矩形图层的名称改为"背景底色"，【圆度】属性参数设为"80"，如图9-31所示。此时，【合成】面板画面如图9-32所示。

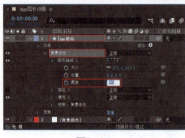

图9-30   图9-31   图9-32

> **小提示**
>
> 如何快速让锚点和图居中？
>
> 01：在绘制形状图层时，如何让锚点居中呢？只需要按组合键Ctrl+Alt+Home即可。
>
> 02：如果想要让图在画面中居中，只需要按组合键Ctrl+Home即可。

步骤05：绘制App图标内部图案。在【工具栏】面板，分别使用【椭圆工具】 ⬤ 椭圆工具 和【钢笔工具】 ✐ 钢笔工具 在【合成】面板中绘制椭圆和小三角，如图9-33所示。

此时，【图层】面板会多出两个图层，分别是"形状1"和"椭圆1"。为了方便区分，我们需要将它们重新命名，分别改为"左边小三角"和"左边椭圆"，如图9-34所示。

图9-33   图9-34

步骤06：在【图层】面板中单击"App图标"图层，将其激活后，单击【添加】▶按钮，在弹出的子菜单中执行【合并路径】命令。再次单击【添加】▶按钮，在弹出的子菜单中执行【组（空）】命令，如图9-35所示。

然后，按住键盘上的Ctrl键不松手，单击"左边小三""左边椭圆""合并路径1""描边1""填充1"将它们全部选中放入"组1"中，并将"组1"重新命名为"左椭圆+左三角"，如图9-36所示。

图9-35

步骤07：在【图层】面板中单击"App图标"图层将其激活后，单击【椭圆工具】 ⬤ 椭圆工具，在【合成】面板中按住Shift键拖动鼠标即可绘制一个正圆，如图9-37所示。

然后，按组合键Ctrl+D将刚才创建的正圆复制一份，并重命名为"右眼"，并调整其位置，如图9-38所示。

After Effects+AIGC 视觉特效与合成
——影视+UI动效+MG动画（全彩微课版）

步骤08： 在【图层】面板中单击"App图标"图层将其激活后，单击【添加】  按钮，在弹出的子菜单中执行【合并路径】命令，接着调整图层的顺序，如图9-39所示。

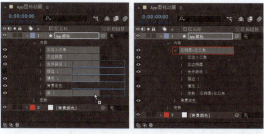

图9-36　　　　　　　　　　　　　　　图9-37

图9-38　　　　　　　　　　　　　　　图9-39

展开【合并路径1】，将"模式"改为【相减】，此时，【合成】面板画面如图9-40所示。

步骤09： 在【图层】面板中单击"App图标"图层将其激活后，单击【添加】  按钮，在弹出的子菜单中执行【组（空）】命令，并将其重命名为"左图标"，然后将所有图层全部放进"左图标"中，如图9-41所示。

图9-40　　　　　　　　　　　　　　　图9-41

步骤10： 在【图层】面板中单击"左图标"将其激活后，按组合键Ctrl+D将其复制一份。更改其名称为"右图标"，并调整其位置，如图9-42所示。

图9-42

步骤11：在【图层】面板中单击"右图标"将其激活后，按组合键Ctrl+D复制一份。更改其名称为"遮罩"，并删除内部的其他元素（只保留椭圆部分）。

接着添加【合并路径】效果，并调整图层顺序和混合模式，如图9-43所示。此时，【合成】面板画面如图9-44所示。

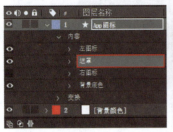  

图9-43   图9-44

此时，只需要将原始的【右图标】稍微往右移动一点就可以显示出右边的图案了。同时调整原始的小三角，让它朝向右下角即可，如图9-45所示。

图9-45

步骤12：需要给各个图层制作关键帧动画。展开【背景底色】图层，将第1帧的【比例】属性的参数设为"0"，光标往后移动6帧并将数值改为"110"，再将光标往后移动4帧并将数值改为"100"。框选最后两个关键帧，按键盘上的F9键，即可为关键帧添加缓动效果，如图9-46所示。

图9-46

同理，只需要为"左图标"和"右图标"的【比例】属性制作同样的关键帧动画，并错位调整动画的【开始时间】和【结束时间】即可，如图9-47所示。

图9-47

步骤13：给眼睛制作"眨眼"动画。调出【比例】属性，单击【链接】图标 🔗，取消X轴和Y轴的链接。找到需要眨眼的那一刻添加一个关键帧，将【比例】属性的参数设为"100"，光标往后移动5帧并将参数设为"0"，光标往后移动4帧并将参数设为"100"。框选

After Effects+AIGC 视觉特效与合成
——影视+UI动效+MG动画（全彩微课版）

最后两个关键帧，按键盘上的F9键，即可给关键帧添加缓动效果，如图9-48所示。

最后，只需要为其他眼睛的【比例】属性制作同样的关键帧动画，并错位调整动画的【开始时间】和【结束时间】即可，如图9-49所示。

图9-48　　　　　　　　　　图9-49

步骤14：此时，一个App图标的弹性出现小动画就制作完成了，如图9-50所示。

图9-50

9.3 【课堂练习】烟花爆炸-MG动画

9.3.1 【中继器】效果详解

【中继器】效果与复制相似。

在After Effects中，使用【钢笔工具】 在【合成】面板中绘制一个小长条，如图9-51所示。在【图层】面板单击"形状图层1"图层将其激活后，单击【添加】按钮，在弹出的子菜单中执行【中继器】命令。此时，【图层】面板就会多出一个图层，如图9-52所示。

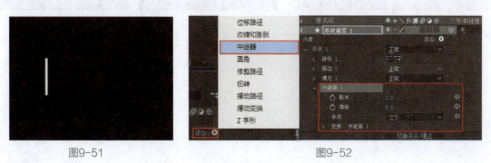

图9-51　　　　　　　　　　图9-52

【副本】：副本就是复制品的意思。比如，当【副本】参数为"14"时，【合成】面板画面如图9-53所示。

【偏移】：可以向左或向右整体移动复制出来的主体。比如，当【偏移】参数为"8"时，【合成】面板画面如图9-54所示。

【位置】：X轴参数可以影响主体的左右扩散；Y轴参数可以影响主体的上下扩散。比如，当【位置】参数为"150，60"时，【合成】面板画面如图9-55所示。

【比例】：比例参数可以等比例放大或缩小主体。

【旋转】：旋转参数可以按照指定角度对主体进行旋转。

【起始点不透明度】：可以设置起始点的不透明程度。

【结束点不透明度】：可以设置结束点的不透明程度，如图9-56所示。

图9-53

图9-54

图9-55

图9-56

9.3.2 【修剪路径】属性详解

【修剪路径】：该效果可以对形状图层的路径指定起点、结束点，并进行方向修剪。该效果的主要参数面板如图9-57所示。当调整【开始】【结束】【偏移】属性的参数时，【合成】面板的画面如图9-58所示。

图9-57

图9-58

【开始】：设置形状路径的起始点位置。

【结束】：设置形状路径的结束点位置。

【偏移】：可以整体移动主体位置，从而产生偏移效果。

9.3.3 案例实操

微课视频

步骤01：打开After Effects软件新建合成，【合成名称】改为"烟花爆炸-MG动画"，【预设】选择"HDTV 1080 25"，【宽度】和【高度】分别为"1920px"和"1080px"，【像素长宽比】为"方形像素"，【帧速率】为"25帧/秒"，【持续时间】为"5秒"，如图9-59所示。

步骤02：在【工具栏】使用【钢笔工具】 🖊️钢笔工具 在【合成】面板中绘制一条线段，关闭填充打开描边，【颜色】设为"白色"，【描边】宽度设为"15" 填充 ▨ 描边 ▢ 15 ，此时，【合成】面板画面如图9-60所示。

接着，使用【向后平移锚点工具】 ▣将线段的锚点移至画面正中心，如图9-61所示。

图9-59　　　　　　　　　　图9-60　　　　　　　　　　图9-61

步骤03：回到【图层】面板单击"形状图层1"图层将其激活后，单击【添加】按钮 ，在弹出的子菜单中执行【中继器】命令。将中继器的【副本】属性参数设为"12"，如图9-62所示。

图9-62

展开【变换：中继器1】，将【位置】属性参数设为"0"，【旋转】属性参数设为"30°"。将线段的【线段端点】改为"圆头端点"，如图9-63所示。此时，【合成】面板画面如图9-64所示。

图9-63　　　　　　　　　　　　　　　　　　　　　　　图9-64

步骤04：回到【图层】面板单击"形状图层1"图层将其激活后，单击【添加】按钮 ，在弹出的子菜单中执行【修剪路径】命令，如图9-65所示。

接着，为第1帧的【结束】和【开始】属性打上"关键帧"，并将数值设为"100"，光标指针往后移动10帧后，将【结束】和【开始】参数设为"0"。全部选中这些关键帧，按F9键添加缓动效果，并将【开始】和【结束】的关键帧进行错位，如图9-66所示。

图9-65　　　　　　　　　　　图9-66

步骤05：在【时间轴】面板中单击【图标编辑器】按钮■，分别调整【开始】和【结束】的关键帧曲线，呈现先快后慢的运动效果，如图9-67所示。此时，【合成】面板画面如图9-68所示。

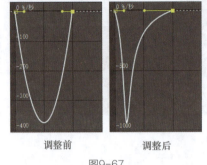

调整前　　　　　　　　调整后

图9-67

图9-68

步骤06：在【图层】面板单击"形状图层1"图层将其激活后，按组合键Ctrl+D将其复制一层。调整复制图层的【缩放】数值为"70"，【旋转】数值设为"+15°"，如图9-69所示。

将复制图层的【描边宽度】设为"10"，同时添加【虚线】并将参数设为"25"，如图9-70所示。此时，【合成】面板画面如图9-71所示。

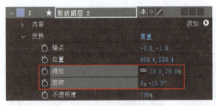

图9-69

图9-70

图9-71

步骤07：分别调整两个形状图层的颜色，如图9-72所示。此时，一个烟花爆炸的MG动画就制作完成了，如图9-73所示。

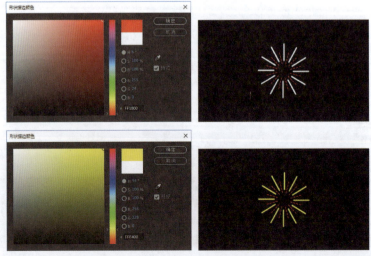

图9-72

After Effects+AIGC 视觉特效与合成
——影视+UI动效+MG动画（全彩微课版）

图9-73

 9.4 【课堂练习】科技感HUD动画

微课视频

步骤01：打开After Effects软件新建合成，【合成名称】改为"HUD"，【预设】选择"自定义"，【宽度】和【高度】分别为"1000px"和"1000px"，【像素长宽比】为"方形像素"，【帧速率】为"25帧/秒"，【持续时间】为"10秒"，如图9-74所示。

图9-74

步骤02：在【工具栏】，使用【椭圆工具】 椭圆工具 在【合成】面板中按住Shift键拖动鼠标绘制一个正圆。同时关闭【填充】，将【描边】设为"10" 填充 描边 10 像素 。

在【图层】面板中重新将其命名为"细实线1"，如图9-75所示。此时，【合成】面板画面如图9-76所示。

图9-75 图9-76

步骤03：在【图层】面板中单击"细实线1"图层将其激活后，单击【添加】 ，在弹出的子菜单中执行【修剪路径】命令，如图9-77所示。给第1帧的【结束】属性打上"关键帧"，并将数值设为"0"，光标指针往后移动到1帧后，将【结束】参数设为"0"。全部选中这些关键帧，按F9键添加缓动效果，如图9-78所示。

图9-77 图9-78

171

步骤04：在【时间轴】面板中单击【图标编辑器】按钮，调整【结束】属性的关键帧曲线，如图9-79所示。

步骤05：单击"细实线1"图层将其激活后，按组合键Ctrl+D2次将它复制2份，分别命名为"细实线2"和"粗实线1"，如图9-80所示。

调整新复制图层的【大小】【描边】【旋转】属性，让三个圆环分别错开，如图9-81所示。

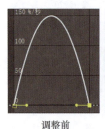
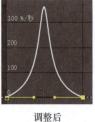
调整前　　　　　　调整后
图9-79

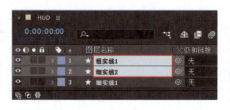
图9-80

图9-81

步骤06：制作【虚线圈】，选中"细实线1"图层将其激活后，按4次组合键Ctrl+D将它复制4份，分别命名为"虚线圈1""虚线圈2""虚线圈3""虚线圈4"，如图9-82所示。

展开复制图层的【虚线】属性添加虚线，随机调整该参数使其错落有致，并调整【大小】和【描边】参数，如图9-83所示。此时，【合成】面板画面如图9-84所示。

图9-82

图9-83

图9-84

步骤07：要如何添加更多线圈呢？只需按照刚才的步骤复制调整即可，如图9-85所示。绘制好圈数之后，再来完善动画，即利用【表达式】制作随机摆动的效果。单击需要制作摆动的图层，按R键调出【旋转】属性，按住键盘上的Alt键不松手，单击【时间变化秒表】弹出表达式输入栏，输入，输出表达式"wiggle（0.3，360）"，如图9-86所示。

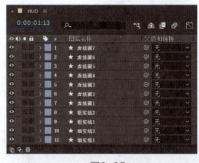
图9-85

图9-86

此时，【合成】面板画面如图9-87所示。

HUD的轮廓已经有了，接下来可以根据个人喜好更改每个图层的颜色，如图9-88所示。

步骤08：新建合成，【合成名称】改为"总合成"，【预设】选择"HDTV 1080 25"，【宽度】和【高度】分别为"1920px"和"1080px"，【像素长宽比】为"方形像素"，【帧速率】为"25帧/秒"，【持续时间】为"10秒"，如图9-89所示。

图9-87

图9-88

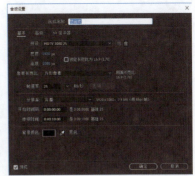
图9-89

步骤09：在"总合成"中按组合键Ctrl+Y键，在弹出的【合成设置】面板中将名称改为"背景图层"，【宽度】和【高度】分别设为"1920像素"和"1080像素"，【颜色】设为"黑色"，如图9-90所示。

然后，给纯色图层添加【梯度渐变】效果。在【效果控件】面板中分别设置【起始颜色】和【结束颜色】，将【渐变形状】改为"径向渐变"，如图9-91所示。此时，【合成】面板画面如图9-92所示。

图9-90

图9-91

图9-92

步骤10：在【项目】面板中将刚才制作好的【HUD】合成拖曳至"总合成"中，如图9-93所示。此时，【合成】面板画面如图9-94所示。

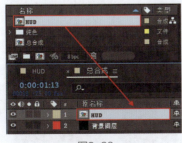
图9-93

图9-94

步骤11：在【项目】面板中单击鼠标右键执行【新建】-【摄像机】命令，如图9-95所示。在【摄像机设置】面板中将【预设】改为"35毫米"，如图9-96所示。

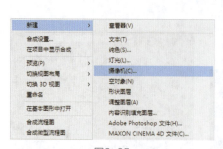

图9-95 图9-96

步骤12：在【项目】面板中单击鼠标右键执行【新建】-【空对象】命令，如图9-97所示。在【图层】面板中将其名称改为"摄像机控制"，并打开【摄像机控制】和【HUD】图层的三维开关，将【摄像机控制】图层作为【摄像机】的父级，如图9-98所示。

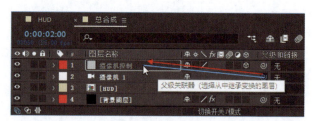

图9-97 图9-98

步骤13：在【项目】面板中单击【摄像机控制】图层将其激活，按R键调出旋转属性。在第1帧的位置为【X轴旋转】【Y轴旋转】【Z轴旋转】打上"关键帧"，光标指针往后移动到第2帧的位置，将【X轴旋转】参数设为"35"，【Y轴旋转】参数设为"35"，【Z轴旋转】参数设为"15"。选中全部关键帧，按F9键添加缓动效果，如图9-99所示，

图9-99

步骤14：在【项目】面板中单击鼠标右键，执行【新建】-【纯色】命令，如图9-100所示。在【纯色设置】面板中将名称改为"网格"，【宽度】和【高度】分别设为"6000像素"和"2000像素"，如图9-101所示。

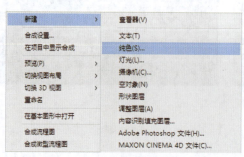

图9-100 图9-101

After Effects+AIGC 视觉特效与合成
——影视+UI动效+MG动画（全彩微课版）

步骤15：为"网格"图层添加【网格】效果。在【效果控件】面板中将【大小依据】设为"宽度滑块"，【宽度】参数设为"80"，【边界】参数设为"1"，如图9-102所示。

将"网格"图层下移至背景图层上，同时激活"网格"图层的三维开关 ，如图9-103所示。此时，【合成】面板画面如图9-104所示。

图9-102

图9-103

图9-104

步骤16：单击选中【HUD】图层按组合键Ctrl+D2次，将该图层复制2份，如图9-105所示。将光标指针移动到1分15秒的位置，分别调整复制的【HUD】图层的【缩放】属性参数为"40"和"20"，如图9-106所示。

图9-105

图9-106

步骤17：将光标指针移动到第1分15秒的位置，为复制的【HUD】图层的【位置】属性打上"关键帧"。光标移动到第2分15秒的位置，将其【位置】属性参数分别设为"-100"和"-250"，如图9-107所示。

此时，【合成】面板画面如图9-108所示。

图9-107

图9-108

步骤18：在【项目】面板中单击鼠标右键，执行【新建】-【调整图层】命令，如图9-109所示。

步骤19：给"调整图层"图层添加【发光】效果。在【效果控件】面板中将【发光阈值】属性参数设为"80"，【发光半径】属性参数设为"300"，如图9-110所示。

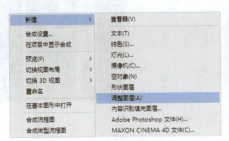
图9-109

图9-110

步骤20：此时，一个科技感HUD动画的特效就制作完成了，如图9-111所示。

图9-111

微课视频

9.5 人偶工具详解

人偶原指一种玩具，如用木头雕刻的人像或者形似其他生物的小东西。人们可以通过拉动附着在其四肢上的绳子从上方控制它，用它来表演的戏剧叫作木偶戏，如图9-112所示。

在After Effects中，我们可以通过设置点位来模拟拉动木偶的绳子，从而为其制作动画，如图9-113所示。我们重点学习3种工具的使用，分别是【人偶位置控点工具】【人偶固化控点工具】【人偶弯曲控点工具】。

图9-112

图9-113

9.5.1 人偶位置控点工具

【人偶位置控点工具】可以为控制对象添加控制点，并通过移动这些控制点制作动画。

在【图层】面板中单击素材将其激活后，使用【人偶位置控点工具】在主体上单击鼠标左键即可添加一个控制点，如果想添加多个控制点只需要多次单击即可，如图9-114所示。

在【工具栏】中选择操控点工具后，操控工具右边会出现【显示】【扩展】【密度】三个选项。

【显示】选项用于显示操控点之间的网格线。

【扩展】选项用来控制网格的影响范围。

【密度】选项用来控制网格中三角形的数目，如图9-115所示。

为对象添加控制点后，会根据对象的轮廓自动生成网格，所有的动画变形效果都是通过这些网格的变形实现的。如果想调整人偶的形态，只需要将光标放在【操控点】上，按住鼠标左键拖曳即可，如图9-116所示。

图9-114

After Effects+AIGC 视觉特效与合成
——影视+UI动效+MG动画（全彩微课版）

显示网格	调整密度	调整扩展

图9-115　　　　　　　　　　　　　　　　　图9-116

当为画面添加【操控点】后，【效果控件】面板画面如图9-117所示。【图层】面板画面如图9-118所示，此时，在【变形】效果下会对应显示刚才添加的操控点。

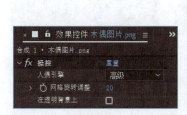

图9-117　　　　　　　　　　　　图9-118

9.5.2　人偶固化控点工具

人偶固化控点工具可以通过添加控制点将画面固定住，使其不受周围其他操控点的影响。

在【图层】面板中单击素材将其激活后，使用【人偶固化控点工具】在主体上单击鼠标左键即可添加一个控制点，如果想添加多个控制点只需要多次单击即可，如图9-119所示。

9.5.3　人偶弯曲控点工具

人偶弯曲控点工具可以通过添加控制点使该区域的画面产生弯曲、膨胀等效果。

在【图层】面板中单击素材将其激活后，使用【人偶弯曲控点工具】在主体上单击鼠标左键即可添加一个控制点。此时，只需要【扩大】或【缩小】外侧的虚线即可对其进行调整，如图9-120所示。

图9-119　　　　　　　　　　　图9-120

微课视频

步骤01：打开After Effects软件新建合成，【合成名称】改为"MG动画-主合成"，【预设】选择"HDTV 1080 25"，【宽度】和【高度】分别为"1920px"和"1080px"，【像素长宽比】为"方形像素"，【帧速率】为"25帧/秒"，【持续时间】为10秒，如图9-121所示。

图9-121　　　　　　　　　　图9-122

步骤02：按组合键Ctrl+Y新建一个纯色图层，在【纯色设置】对话框中将名称改为"背景"，如图9-122所示。

回到【工具栏】使用【椭圆工具】 椭圆工具 在【合成】面板中按住Shift键并拖动鼠标绘制一个正圆形，将该图层命名为"圆心"，如图9-123所示。此时，【合成】面板画面如图9-124所示。

步骤03：在【工具栏】中关闭【填充】属性，将【描边】设为"40"，【颜色】设为"白色" 填充 描边 40像素。然后使用【椭圆工具】 椭圆工具 在【合成】面板中按住Shift键并拖动鼠标绘制一个正圆形，将该图层命名为"外环"，如图9-125所示。此时，【合成】面板画面如图9-126所示。

图9-123　　　　　　图9-124　　　　　　图9-125　　　　　　图9-126

步骤04：在【工具栏】中关闭【描边】属性，打开【填充】属性，【颜色】设为"白色"，填充 描边 - 像素。使用【矩形工具】 矩形工具 在【合成】面板中分别绘制一个粗的矩形和一个细的矩形，作为"时针"和"分针"，如图9-127所示。

此时，【合成】面板画面如图9-128所示。

图9-127　　　　　　　　　　　　图9-128

After Effects+AIGC 视觉特效与合成
——影视+UI动效+MG动画（全彩微课版）

步骤05：在【工具栏】中使用【向后平移锚点】  工具，将"时针"和"分针"的锚点移至圆心位置，如图9-129所示。

在【图层】面板中，同时选中"时针"和"分针"两个图层，按键盘上的R键调出它们的【旋转】属性，在第1帧的位置打上"关键帧"，如图9-130所示。再将光标指针移动到结尾第10帧处，将"时针"的【旋转】属性参数设为" 2x +0.0° "（2圈），"分针"的【旋转】属性参数设为" 24x +0.0° "（24圈），如图9-131所示。

图9-129

图9-130

图9-131

步骤06：在【效果和预设】面板中搜索"LongShadow2"预设，如图9-132所示。将该效果添加给"外环"图层。在【效果控件】面板中将【Shadow Lenght，px】和【Grow Layer Bound，px】属性参数设为"1000"，【Tint Amount】属性参数设为"0.5"，如图9-133所示。此时，【合成】面板画面如图9-134所示。

图9-132

图9-133

图9-134

步骤07：在第1帧的位置为【Shadow Direction】属性参数打上"关键帧"，数值设为"0"，如图9-135所示。在最后一帧，也就是第10帧的位置将该参数设为"1x +0.0°"，如图9-136所示。此时播放，刚才添加的投影就旋转起来了，如图9-137所示。

图9-135

图9-136

图9-137

步骤08：在【图层】面板中单击鼠标右键，执行【新建】-【文本】命令，如图9-138所示，并将该图层重命名为"时间码"，如图9-139所示。

图9-138

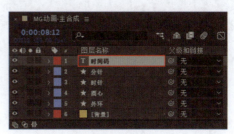
图9-139

步骤09：在【效果和预设】面板中搜索【时间码】效果，如图9-140所示。将该效果添加给【时间码】图层。在【效果控件】面板中调整【文本位置】属性使其居中，将【文字大小】参数设为"80"，【文本颜色】改为"黄色"，【显示方框】前面的对勾去掉，如图9-141所示。此时，【合成】面板画面如图9-142所示。

| 图9-140 | 图9-141 | 图9-142 |

步骤10：按组合键Ctrl+Y新建一个纯色图层，在【纯色设置】面板中将名称改为"球体粒子"，如图9-143所示。在【效果和预设】面板中搜索"CC Ball Action"，如图9-144所示。将该效果添加给刚才新建的纯色图层。在【效果控件】面板中将【Scatter】属性参数改为"750"，如图9-145所示。

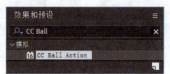

| 图9-143 | 图9-144 | 图9-145 |

步骤11：在【效果控件】面板中按住Alt键不松手，单击【Instability State】属性前面的【时间码表】按钮，就会弹出表达式的输入栏。接着写入表达式"time*10"，如图9-146所示。此时，【合成】面板画面如图9-147所示。

| 图9-146 | 图9-147 |

步骤12：在【效果和预设】面板中分别搜索【填充】和【发光】效果，如图9-148所示。接着在【效果控件】面板中将【填充】效果的【颜色】设为"蓝色"，将【发光】效果的【发光半径】属性参数设为"80"，如图9-149所示。

此时，【合成】面板画面如图9-150所示。

图9-148

图9-149　　　　　　　　　　　　　　　　　　　图9-150

步骤13：在【图层】面板中选中【球体粒子】图层，单击鼠标右键执行【预合成】命令，如图9-151所示。在弹出来的【预合成】对话框中将新的合成名称改为【球体粒子 预合成】，同时勾选【将所有属性移动到新合成】，如图9-152所示。在【图层】面板中移动该图层到"外环"图层的上方，如图9-153所示。

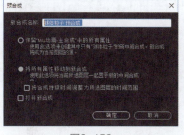

图9-151　　　　　　　　图9-152　　　　　　　　图9-153

步骤14：接下来，需要通过蒙版来限定球体粒子的显示范围。单击【球体粒子 预合成】图层将其激活，使用【椭圆工具】  在【合成】面板中按住Shift键并拖动鼠标即可绘制一个正圆形蒙版，如图9-154所示。

步骤15：为【背景】图层添加【填充】效果。在第1帧的位置为【颜色】属性添加关键帧，更改【颜色】为"淡黄色"。将光标指针移动到第3帧的位置，将【颜色】属性改为"淡蓝色"。将光标指针移动到第6帧的位置，将【颜色】属性改为"淡粉色"。将光标指针移动到第9帧的位置，将【颜色】属性改为"淡绿色"，如图9-155所示。

图9-154

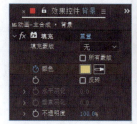

图9-155

步骤16: 此时，一个简单的计时器MG动画就制作完成了，如图9-156所示。

图9-156

9.7 本章小结

本章重点学习了UI动效和MG动画的知识。

要制作UI动效和MG动画，就要知道其概念。我们先学习了什么是UI动效及其4种类型，同时学习了MG动画的制作流程。然后我们通过一个App图标小动画和烟花爆炸-MG动画，详细介绍学习了形状图层及其【组（空）】【合并路径】【中继器】【修剪路径】等属性。它们是制作这些动画的主要效果器。最后，还学习了人偶工具。通过这些工具，我们可以利用一些png图片去制作动画。

9.8 【课后习题】微信聊天界面UI动效制作

微课视频

如图9-157所示，该案例的要点在于：使用形状工具绘制聊天框和制作关键帧动画。

图9-157

关键步骤提示

① 使用形状工具绘制头像和聊天对话框。

② 制作关键帧动画。在制作动画前需要整体嵌套，并调整图层锚点的位置。

③ 完善细节。添加手机边框背景和微信发出、收到消息的音效。

第 10 章 | 渲染与输出

10.1 渲染队列

在After Effects软件中，渲染与输出指的是将已经制作完成的特效输出为成品视频。它主要通过【渲染队列】来设置，如图10-1所示。

【渲染】指的是对组成影片的每个帧进行逐帧渲染，以便得到更流畅的视频。

【输出】指的是在渲染后，将最终作品以可以打开或播放的格式呈现出来。

图10-1

10.1.1 设置工作区域开始和结束

在输出之前，要设置输出区间，即开头和结尾。我们可以在【时间轴】面板中通过拖动滑块儿来设置输出区间，如图10-2所示。

开始：设置工作区域的开始位置。

结束：设置工作区域的结束位置。

图10-2

10.1.2 添加到渲染队列

设置好工作区的【开头】和【结尾】部分后，在【菜单栏】中执行【合成】-【添加到渲染队列（A）】命令（它的快捷键为Ctrl+M），如图10-3所示，即可来到【渲染队列】面板，如图10-4所示。

图10-3

图10-4

【当前渲染】：显示当前渲染的相关信息。

【已用时间】：显示当前渲染已经花费的时间。

【AME中的队列】：将加入队列的渲染项目添加到Adobe Media Encoder队列中。

【渲染】：单击该按钮，即可开始进行渲染输出。

【渲染设置】：设置渲染输出的相关参数。

【输出模块】：设置输出模块的相关参数。

【输出到】：设置输出文件的名称和位置等信息。

10.1.3 渲染设置

【渲染设置】主要用于渲染品质、分辨率、大小、自定义时间范围等方面，如图10-5所示。

1. 合成

【品质】：用于设置渲染的品质，包括"当前设置""最佳""草图""线框"4个选项，如图10-6所示。

【分辨率】：用于设置渲染合成的分辨率，包括"当前设置""完整""二分之一""三分之一""四分之一""自定义"6个选项，如图10-7所示。

图10-5 　　　　　　　　　　　　　图10-6 　　　　　　　　　　图10-7

【磁盘缓存】：用于确定渲染期间是否使用磁盘缓存，包括"只读"和"当前设置"两种方式。

2. 时间采样

【帧混合】：用于调整帧混合的形式，包括"当前设置""对选中图层打开""对所有图层关闭"3个选项。

【运动模糊】：用于设置运动模糊效果的起作用图层，包括"当前设置""对选中图层打开""对所有图层关闭"3个选项。

【时间跨度】：用于设置要渲染合成中的多少内容，包括"合成长度""仅工作区""自定义"3个选项。

【帧速率】：用于设置影片渲染时采用的帧速率。

【自定义】：用于设置自定义时间范围，包括"起始""结束""持续时间"3种类型，如图10-8所示。

3. 选项

【跳过现有文件】允许多机渲染：允许渲染一系列文件的一部分，而不在先前已渲染的帧上浪费时间。

10.1.4 输出模块设置

【输出模块设置】主要用于确定最终输出影片的细节，包括【主要选项】和【色彩管理】，如图10-9所示。

【格式】：用于设置输出文件的格式，如图10-10所示。

【渲染后动作】：用于设置软件在渲染后要执行的命令，包括"无""导入""导入和替换用法""设置代理"4个选项。

【通道】：用于设置输出影片中包含的通道信息，包括"RGB""Alpha""RGB+Alpha"3种类型。

【深度】：用于设置输出影片的颜色深度。

【调整大小】：勾选此项，可以重新调整输出影片的尺寸大小。

【裁剪】：用于在输出影片的边缘位置增减或删除指定的像素，包括"顶部""左侧""底部""右侧"。

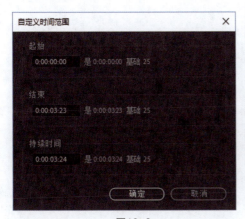

图10-8

图10-9

图10-10

10.2 输出静帧图片

步骤01：打开After Effects软件后，将视频素材拖拽至【图层】面板，通过【工作区域开头】和【工作区域结尾】工具设置好输出区域，在菜单栏中执行【合成】-【帧另存为】-【文件】命令，如图10-11所示。

此时，软件会自动跳转到【渲染队列】面板，如图10-12所示。

图10-11

图10-12

步骤02：在【渲染队列】面板中单击【输出模块】后方的蓝色字"Photoshop"，如图10-13所示。在弹出的【输出模块设置】面板中将【格式】改为"PNG序列"，如图10-14所示。

图10-13   图10-14

步骤03： 在【渲染队列】面板中单击【输出到】后方的蓝字"合成1（0-00-00-00）.png"，如图10-15所示。在弹出的【将帧输出到】对话框中更改文件名称和保存位置，单击【保存】按钮即可完成修改，如图10-16所示。

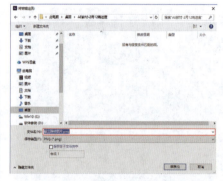

图10-15   图10-16

步骤04： 在【渲染队列】面板中单击【渲染】按钮，如图10-17所示。渲染完成后，在刚才设置的保存文件路径中，即可看到输出的静帧图片，如图10-18所示。

图10-17   图10-18

10.3   输出带有Alpha透明通道的视频

步骤01： 在【图层】面板中导入案例素材，如图10-19所示。此时，可以在【合成】面板看到5个表情是在一个纯色背景上的，如图10-20所示。那么，该如何将"视频素材"导出为带有Alpha透明通道的视频素材呢？

步骤02： 在【图层】面板中单击"视频素材"将其激活，并单击"背景图片"前面的【隐藏】按钮 <img>，将该图层隐藏起来，如图10-21所示。

图10-19　　　　　　　　　图10-20　　　　　　　　　图10-21

步骤03： 按组合键Ctrl+M，软件会自动跳转到【渲染队列】面板，如图10-22所示。

然后，在【渲染队列】面板中单击【输出模块】后方的蓝色字"无损"。此时，会弹出【输出模块设置】对话框，在该面板中将【格式】设为"Quick Time"，【通道】设为"RGB+Alpha"，如图10-23所示。

图10-22　　　　　　　　　　　　　　　　图10-23

步骤04： 在【渲染队列】面板中单击【输出到】后方的蓝字"合成1.MOV"，如图10-24所示。在弹出的【将帧输出到】对话框中更改文件名称和保存位置后，单击【保存】按钮即可完成修改，如图10-25所示。

图10-24　　　　　　　　　　　　　　图10-25

步骤05： 在【渲染队列】面板中单击【渲染】按钮，如图10-26所示。渲染完成后，即可在刚才设置的保存文件路径中看到输出的视频，如图10-27所示。

图10-26

图10-27

10.4 创建输出模板预设

通过上述两个实例操作，大家已经清楚了视频导出的流程。但是，如果每次都需要设置输出参数就显得很烦琐。接下来，本课程将介绍如何创建输出模板的预设设置。

在【渲染队列】面板，单击【输出模块】后方的图标■，在弹出的子菜单中执行【创建模板】命令，如图10-28所示。

图10-28

此时，会弹出【输出模块模板】面板，在该面板下可以设置预设命名，如改为"仕林的MOV格式-预设"，名称设置好后单击【编辑】按钮，如图10-29所示。

接着在【输出模块设置】面板中将【格式】设为"Quick Time"，【通道】设为"RGB"，音频选择【自动音频输出】，如图10-30所示。

图10-29

图10-30

参数设置好之后，在【输出模块模板】面板中单击【确定】按钮。此时，再次展开【输出模块】后方的图标■，如图10-31所示，就可以看到刚才保存的"仕林的MOV格式-预设"，如图10-32所示。下次导出MOV格式文件的话，直接选择该预设即可。

图10-31

图10-32

After Effects+AIGC 视觉特效与合成
——影视+UI动效+MG动画（全彩微课版）

10.5 使用Adobe Media Encoder渲染和导出

微课视频

10.5.1 Adobe Media Encoder介绍

Adobe Media Encoder简称Me（见图10-33），是一个视频和音频编码应用程序，可针对不同应用程序，以各种分发格式对音频和视频文件进行编码。Me 结合了主流音视频格式所提供的众多设置，还包括专门设计的预设设置，以导出与特定交付媒体兼容的文件。

图10-33

 小提示 该软件版本必须和After Effects版本相同才可以进行联动。

Adobe Media Encoder主要包括【媒体浏览器】【预设浏览器】【队列】【监视文件夹】【编码】五大面板，如图10-34所示。

【媒体浏览器】面板：可以在将媒体文件添加到队列之前预览这些文件，如图10-35所示。

【预设浏览器】面板：内置了各种常见的主流预设格式，需要的时候可以直接选用，如图10-36所示。

【队列】面板：可以将要导出的项目添加到队列中，从而渲染输出视频，如图10-37所示。

图10-34

【监视文件夹】面板：计算机上的任何文件夹都可以添加到该面板，如图10-38所示。

【编码】面板：在该面板中可以查看每个项目渲染输出的状态信息，如图10-39所示。

图10-35

图10-36

图10-37

图10-38

图10-39

10.5.2 Adobe Media Encoder实操

步骤01：在After Effects中完成特效制作后，激活【时间轴】面板，在菜单栏中执行【合成】-【添加到渲染队列（A）】命令，或者按组合键Ctrl+M，如图10-40所示。

步骤02：在【渲染队列】面板中单击【AME中的队列】按钮，如图10-41所示。此时，软件会自动链接并打开Adobe Media Encoder软件。

图10-40

步骤03：进入【队列】面板，设置好文件名称和储存位置后，单击【启动队列】按钮，如图10-42所示。

图10-41

图10-42

步骤04：此时，Adobe Media Encoder正在渲染当前项目，如图10-43所示。

步骤05：等待一段时间后，软件渲染完毕。此时，就可以在刚才设置的储存路径中找到输出后的作品，如图10-44所示。

图10-43

合成 1.mp4

图10-44

10.6 使用AfterCodecs 特殊编码输出插件导出

微课视频

10.6.1 AfterCodecs介绍

AfterCodecs是一款专为Adobe Premiere Pro、Adobe Media Encoder以及Adobe After Effects设计的插件。它提供了额外的编解码器，能够让用户导出更多不同格式的视频文件。该款插件的主界面如图10-45所示。

AfterCodecs的主要功能如下。

🔴1 更高效的H.264/H.265编码：相比Adobe自带

图10-45

的H.264/H.265编码器，AfterCodecs使用了更先进的方法压缩视频，可以在保持画质的同时减小输出文件的大小。

02 支持ProRes编码：AfterCodecs允许Windows用户导出Apple ProRes格式的视频文件。此前，ProRes编码仅限于Mac平台。

03 支持更多无损编码格式：除了ProRes，AfterCodecs还支持其他无损编码格式，如DNxHR、PNG、Uncompressed等。

04 高级设置选项：AfterCodecs提供了丰富的设置选项，包括分辨率、码率控制、色彩空间调整等，方便用户根据需求调整输出视频的参数。

10.6.2 AfterCodecs实操

步骤01：在After Effects中完成特效制作后，激活【时间轴】面板，在菜单栏中执行【合成】-【添加到渲染队列（A）】命令，或者按组合键Ctrl+M，如图10-46所示。

步骤02：在【渲染队列】面板中单击【输出模块】后方的蓝字"无损"，如图10-47所示。

图10-46

图10-47

步骤03：在【输出模块设置】面板中将【格式】设为"AfterCodecs"，接着单击【格式选项】，如图10-48所示。

步骤04：在【Encoding】面板中完成各项参数设置，如图10-49所示。最后在【渲染队列】面板中单击【渲染】按钮即可，如图10-50所示。

图10-48

图10-49

图10-50

步骤05：此时，软件正在渲染当前项目，如图10-51所示。等软件渲染完毕，就可以按照刚才设置的储存路径找到输出后的作品，如图10-52所示。

图10-51

合成 1.mp4

图10-52

🔧 **知识拓展**

AfterCodecs软件的作用

After Codecs可以通过更先进的方法压缩视频，在保持画质的同时减小输出文件的大小。比如，同样是10秒钟的视频，如果用After Effects自带的渲染器输出，文件大小为1.43GB，而使用AfterCodecs渲染输出，文件大小为12.1MB，如图10-53所示。

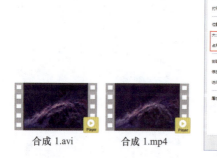

合成 1.avi　　合成 1.mp4

图10-53

10.7 打包整理项目

微课视频

在进行After Effects特效合成的时候，导入的素材往往来自不同的文件夹和路径。所以经常在对外部文件夹或者文件进行移动或者更改的时候，出现打开After Effects项目却找不到文件的情况。为了避免这种问题，需要进行素材整理和打包。

步骤01：使用After Effects软件打开本节的练习【工程文件】，如图10-54所示。在菜单栏中执行【文件】-【整理工程（文件）】-【收集文件】命令，如图10-55所示。此时，会弹出【收集文件】面板。

图10-54

图10-55

步骤02: 在【收集文件】对话框的【收集源文件】中设置需要整理的合成文件,单击【收集】按钮,如图10-56所示。接着在【将文件收集到文件夹中】对话框中设置输出名称和路径,如图10-57所示。

图10-56

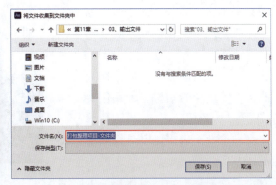
图10-57

步骤03: 在刚才设置的路径中可以找到收集整理后的文件夹,打开后里面会有【素材】【After Effects源工程文件】和【项目报告】三类文件,如图10-58所示。

打包整理项目-文件夹

(素材)

第11章:打包整理项目.aep

第11章:打包整理项目报告.txt

图10-58

第11章 综合案例

11.1 特效综合案例：城市赛博朋克特效

微课视频

　　赛博朋克风格的色调通常具有高科技、未来主义的特点。强烈的色彩对比、充满科技感与未来感的色调能给人一种新鲜感，因此非常适合城市、科幻类主题。

　　那么，什么样的素材适合制作赛博朋克特效呢？

　　就色彩方面而言，可以寻找城市灯光充足的地方作为拍摄地点；就主题方面而言，需要考虑前文提到的对比感，可以围绕城乡、环境对比安排拍摄。

图11-1

　　综上所述，夜景、有明显的灯光（包含楼宇、街道等）的元素，非常适合这种风格，如图11-1所示。

11.1.1 使用跟踪器反求摄像机运动轨迹

　　步骤01：打开After Effects软件新建合成，【合成名称】改为"【初级】综合案例：城市赛博朋克特效"，【预设】选择"HDTV 1080 25"，【宽度】和【高度】分别为"1920px"和"1080px"，【像素长宽比】为"方形像素"，【帧速率】为"25帧/秒"，【持续时间】为"10秒"，如图11-2所示。

　　步骤02：在【项目】面板中导入本案例的视频素材，并将其拖曳至【图层】面板，如图11-3所示。此时，【合成】面板画面如图11-4所示。

图11-2

图11-3

图11-4

步骤03： 在【图层】面板中单击素材将其激活后，回到【跟踪器】面板单击【跟踪摄像机】效果，如图11-5所示。

此时，在【合成】面板中分为两步完成操作：第一步，在后台分析，如图11-6所示。第二步，解析摄像机，如图11-7所示。解析完成后画面中就出现了很多跟踪点，如图11-8所示。

图11-5　　　　　　图11-6　　　　　　图11-7　　　　　　图11-8

11.1.2　创建实底和摄像机并替换素材

步骤04： 有了跟踪点，就可以创建实底和摄像机了。以大楼为例，如果要在楼体的其中一面创建平面，就要选中该面上的3个跟踪点，并单击鼠标右键，在弹出的子菜单中执行【创建实底和摄像机】命令，如图11-9所示。

此时，可以在【合成】面板中看到刚才的平面上出现了一个绿色图层，如图11-10所示。在【图层】面板中也可以看到多了两个图层——【跟踪实底1】和【3D跟踪器摄像机】，如图11-11所示。

图11-9　　　　　　　图11-10　　　　　　　图11-11

步骤05： 点击播放，可以看到【跟踪实底1】已经牢牢贴合在楼体的其中一面。那么，我们最终要合成的其他特效素材该如何进行替换呢？

在【项目】面板中导入特效素材"音波"，在【图层】面板中单击【跟踪实底1】将其激活后，按住键盘上的Alt键不松手，将特效素材拖曳至跟踪实底，如图11-12所示。这样，就可以将跟踪实底替换为特效素材了，如图11-13所示。

步骤06： 从【合成】面板画面中可以看到，此时的"音波"素材方向不对。回到【图层】面板单击"音波"素材将其激活，按R键调出该图层的【旋转】属性，将【Z轴旋转】参数设为"90°"，如图11-14所示。

图11-12　　　　　　　图11-13　　　　　　　图11-14

步骤07： 按键盘上的S键调出该图层的【缩放】属性，单击【约束比例】按钮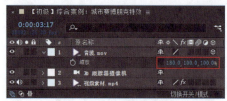，取消等比缩放，将【缩放】的X轴属性参数设为"180"，如图11-15所示。此时，【合成】面板画面如图11-16所示。可以看到"音波"素材已经立起来了，和楼体的侧面更加匹配。

图11-15

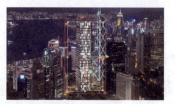

图11-16

11.1.3 使用填充、发光效果增强质感

步骤08： 在【效果和预设】面板中搜索【填充】和【发光】效果，如图11-17所示。使用【填充】效果可以更改"音波"的颜色，使用【发光】效果可以增强科技感。

在【效果控件】面板中将填充【颜色】设为"青色"，将【发光半径】参数设为"80"，如图11-18所示。此时，【合成】面板画面如图11-19所示。

图11-17

图11-18

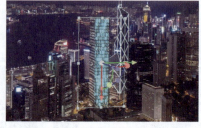

图11-19

11.1.4 分析画面添加更多科技元素

步骤09： 为楼体上添加"音波"元素后，就可以在合适的位置按照刚才的方法添加素材了。比如，添加"单向箭头""LED闪烁""飞船""方块""机器人2""科技云"等素材，如图11-20所示。此时，【合成】面板画面如图11-21所示。

图11-20

图11-21

11.1.5　使用【钢笔工具】绘制蒙版替换天空

步骤10：在【项目】面板中将"星系"素材拖曳至【图层】面板，并调整画面位置，如图11-22所示。

在【工具栏】使用【钢笔工具】 钢笔工具 绘制蒙版，限定素材的显示范围，让它只在天空部分出现。在【图层】面板中调整【蒙版羽化】参数为"250"，如图11-23所示。最终效果图如图11-24所示。

图11-22　　　　　　　　　　　　图11-23　　　　　　　　　　　　图11-24

11.1.6　画面整体色调风格的调整

步骤11：到目前为止，已经完成了所有的素材合成工作，下一步就是为画面做整体风格化的调色处理。

在【图层】面板中单击鼠标右键，在弹出的快捷菜单中执行【新建】-【调整图层】命令，如图11-25所示。将【调整图层】移动到所有图层的最上方，如图11-26所示。

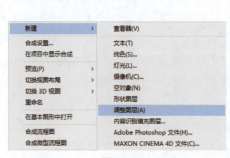 

图11-25　　　　　　　　　　　　　　　图11-26

步骤12：在【效果和预设】面板中搜索【lumetri颜色】效果，如图11-27所示。将该效果添加给【调整图层】。在【效果控件】面板中展开【创意】-【Look】-【浏览】，如图11-28所示。在弹出的【选择Look或LUT】面板中单击"赛博朋克-lut预设"即可，如图11-29所示。

 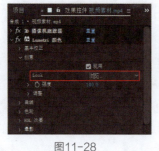

图11-27　　　　　　　　　　图11-28　　　　　　　　　　图11-29

在本案例中，为大家准备了两种不同风格的赛博朋克调色预设，如图11-30和图11-31所示。大家根据自己的喜好选择添加。

无论素材颜色多么繁杂，最终都要调整成看上去只有蓝色、紫色、红色的样子。因此，画面中原有的蓝色、紫色、红色部分要保留并加重，其他颜色要弱化。简单来说就是，冷色向青色和蓝色调整，暖色向红色调整。我们可以通过调整色调、饱和度、亮度来实现这种效果。

步骤13：此时，城市赛博朋克特效就制作完成了，如图11-32所示。

图11-30　　　　　　　图11-31　　　　　　　　　　　图11-32

11.2　UI动效综合案例：UI界面融球动画

微课视频

11.2.1　【简单阻塞工具】的详细介绍

After Effects中的【简单阻塞工具】可以通过扩展或缩小图层的边缘来调整遮罩的干净程度，如图11-33所示。

【视图】：包含"最终输出"和"遮罩"两类。"最终输出"视图用于显示应用此效果的图像，"遮罩"视图用于为包含黑色区域（表示透明度）和白色区域（表示不透明度）的图像。

【阻塞遮罩】："阻塞遮罩"参数用于设置阻塞的数量。其中，负值用于扩展遮罩；正值用于阻塞遮罩。

在After Effects中导入绿幕素材，如图11-34所示。使用【Keylight（1.2）】抠像后，原始图像包含不需要的边缘，使用【简单阻塞工具】可以移除这些边缘，如图11-35所示。

图11-33　　　　　　　　　　图11-34　　　　　　　图11-35

11.2.2　【简单阻塞工具】的原理

【简单阻塞工具】的原理：通过两个半透明度信息重合，组成新的不透明度信息。

将两个添加了模糊效果的实心小球逐渐靠近就会产生融合效果。这是因为将小球添加模糊效果后，周围会产生一圈半透明的信息。当两个半透明信息重叠后就会完全不透明，自然就能产生融球效果，如图11-36所示。使用模糊效果也可以产生简单的融合效果，但没有【简单阻塞工具】效果强烈，如图11-37所示。

| 实心小球 | 模糊后 | 产生融合 | 模糊后添加效果 | 逐渐接近 | 产生融合 |

图11-36　　　　　　　　　　　　　　　　　　　　图11-37

11.2.3　绘制UI界面

步骤01：打开After Effects软件新建合成，【合成名称】改为"【初级】综合案例：UI界面融球动画"，【预设】选择"HDTV 1080 25"，【宽度】和【高度】分别为"1920px"和"1080px"，【像素长宽比】为"方形像素"，【帧速率】为"25帧/秒"，【持续时间】为"5秒"，如图11-38所示。

步骤02：在【工具栏】中选择【椭圆工具】●椭圆工具，在【合成】面板中按住Shift键拖曳鼠标绘制一个正圆形，将填充颜色设为"橘黄色"，关闭描边，此时，【合成】面板画面如图11-39所示。在【图层】面板中将刚才新建的形状图层重新命名为"大圆"，如图11-40所示。

图11-38

图11-39　　　　　　　　　　　　　图11-40

步骤03：在【图层】面板中单击"大圆"图层将其激活后，按组合键Ctrl+D复制一份，并重新命名为"小圆"，如图11-41所示。调整小圆的【缩放】属性将其缩小一点，如图11-42所示。

步骤04：在【工具栏】中选择【文字工具】**T**，在【合成】面板中输入文字"【APP】使用数据"，如图11-43所示。

图11-41　　　　　　　　　　图11-42　　　　　　　　　　图11-43

步骤05：在【工具栏】中选择【椭圆工具】●椭圆工具，在【合成】面板中按住Shift键拖曳鼠标绘制一个正圆形，填充 ■ 描边 ■ · 像素，并将填充颜色设为"绿色"，关闭描边。使用【文字工具】**T**输入文字"运动"，如图11-44所示。调整大小位置，如图11-45所示。

图11-44　　　　　　　　　　图11-45

步骤06：指定图层的父子级关系。在【图层】面板中按住鼠标左键拖曳【父级关联器】图标  即可指定父级。将"运动"的父级设为"绿色"图层，将"【APP】使用数据"的父级设为"大圆"，如图11-46所示。

步骤07：按照刚才的步骤，多绘制几个圆形图标的文字即可，如图11-47所示。此时，【合成】面板画面如图11-48所示。

图11-46

图11-47

图11-48

步骤08：在【工具栏】中选择【椭圆工具】 ⬭椭圆工具，在【合成】面板中按住Shift键拖曳鼠标绘制一个正圆形，并将其复制两份后调整位置、大小、颜色信息，如图11-49所示。

图11-49

步骤09：在【图层】面板中全部选中刚才新建的3个图层，单击鼠标右键执行【预合成】命令，并将预合成图层复制2份，如图11-50所示。在【合成】面板中调整3个合成的位置、大小、颜色信息，如图11-51所示。

图11-50

图11-51

11.2.4 制作弹出动画

步骤10：回到【图层】面板，展开"大圆"和"小圆"的【缩放】属性。在第1帧添加一个关键帧，【缩放】属性设为"100"，光标往后移动6帧后，【缩放】属性设为"110"，光标再往后移动3帧后，【缩放】属性设为"100"。按F9键添加缓动效果，并将"大圆"和"小圆"的关键帧错位，如图11-52所示。

图11-52

步骤11：回到【图层】面板，在第1帧的位置为刚才绘制的圆形图层添加关键帧，如图11-53所示，并将它们移动到【合成】面板中心的位置，如图11-54所示。

After Effects+AIGC 视觉特效与合成
——影视+UI动效+MG动画（全彩微课版）

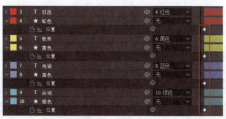

图11-53　　　　　　　　　　　　图11-54

步骤12: 在【图层】面板中,将光标往后移动10帧左右添加关键帧,按F9添加缓动效果,如图11-55所示。接着移动它们的位置如图11-56所示,这些图标就会沿着关键帧的路径移动并产生动画。

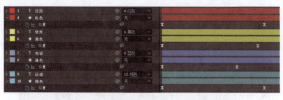

图11-55　　　　　　　　　　　　图11-56

步骤13: 在【图层】面板中分别调整关键帧的速率曲线,让动画呈现"先慢后快"的效果,如图11-57所示。

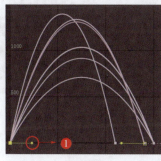
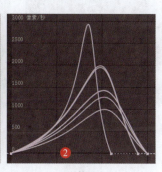

调整前　　　　　　　　　调整后

图11-57

11.2.5 添加【高斯模糊】和【简单阻塞工具】

步骤14: 在【图层】面板中单击鼠标右键执行【新建】-【调整图层】命令,如图11-58所示。在【效果和预设】面板中搜索【高斯模糊】效果,如图11-59所示。将该效果添加到【调整图层】,回到【效果控件】面板将【模糊度】属性参数设为"50",如图11-60所示。此时,【合成】面板画面如图11-61所示。

图11-58

图11-59　　　　　　图11-60　　　　　　图11-61

步骤15：在【效果和预设】面板中搜索【简单阻塞工具】效果，如图11-62所示。将该效果添加到【调整图层】，再到【效果控件】面板将【阻塞遮罩】属性参数设为"15"，如图11-63所示。此时，【合成】面板画面如图11-64所示。

图11-62

图11-63

图11-64

步骤16：播放，可以看到，已经有融合和效果了。接下来，要制作图形之间的拉丝效果。在【工具栏】面板使用【钢笔工具】 在【合成】面板中绘制一条线段，将【描边】属性参数设为"45" ，如图11-65所示。然后，调整各个图层的顺序，如图11-66所示。

图11-65

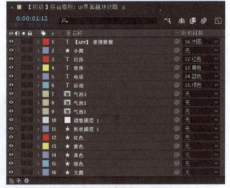

图11-66

步骤17：最后，在【效果和预设】面板中搜索【投影】效果，如图11-67所示。将该效果分别添加到"【APP】使用数据""小圆""日历""软件""电话""运动"这6个图层。在【效果控件】面板中将各个参数保持默认，如图11-68所示。此时，【合成】面板画面如图11-69所示。

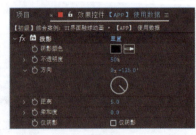

图11-68

图11-67

图11-69

步骤18：此时，一个UI界面融球效果动画就制作完成了，如图11-70所示。

图11-70

11.3 商业包装综合案例：电商产品卖点包装

11.3.1 将产品与场景匹配融合

微课视频

步骤01：打开After Effects软件新建合成，【合成名称】改为"【初级】综合案例：电商产品卖点包装"，【预设】选择"HDTV 1080 25"，【宽度】和【高度】分别为"1920px"和"1080px"，【像素长宽比】为"方形像素"，【帧速率】为"25帧/秒"，【持续时间】为"10秒"，如图11-71所示。

步骤02：在【项目】面板中导入本案例的素材，并将"背景图片"和"空调"素材拖曳至【图层】面板，如图11-72所示。此时，【合成】面板画面如图11-73所示。

图11-71 图11-72 图11-73

步骤03：在【图层】面板中单击鼠标右键，在弹出的快捷菜单中执行【新建】-【调整图层】命令，如图11-74所示，并将该图层重新命名为【调色】，如图11-75所示。

图11-74 图11-75

步骤04：在【效果和预设】面板中搜索【曲线】效果，如图11-76所示。将该效果添加到调色图层，在【效果控件】面板中增加画面的蓝色以降低画面的亮度，调整红绿蓝曲线，如图11-77所示。此时，【合成】面板画面如图11-78所示。

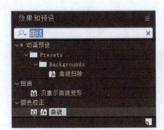
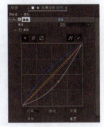

图11-76 图11-77 图11-78

203

步骤05：单击【新建合成】按钮![img]，在【合成设置】对话框中将【合成名称】改为"吹风效果组"，【预设】选择"HDTV 1080 25"，【宽度】和【高度】分别为"1920px"和"1080px"，【像素长宽比】为"方形像素"，【帧速率】为"25帧/秒"，【持续时间】为"10秒"，如图11-79所示。

步骤06：在【图层】面板中单击鼠标右键，在弹出的快捷菜单中执行【新建】-【纯色】命令，如图11-80所示。在【纯色设置】对话框中将名称改为"吹风"，如图11-81所示。

图11-79

图11-80

图11-81

步骤07：在【效果和预设】面板中搜索【分形杂色】效果，如图11-82所示。将该效果添加到纯色图层，在【效果控件】面板中将【对比度】参数设为"160"，取消【统一缩放】前面的对勾，将【缩放宽度】属性参数设为"450"，【缩放高度】属性参数设为"40"，如图11-83所示。此时，【合成】面板画面如图11-84所示。

图11-82

图11-83

图11-84

步骤08：将光标放在第1帧的位置，在【效果控件】面板中为【偏移（湍流）】和【演化】属性添加关键帧。将【偏移（湍流）】属性参数设为"2000，540"，将【演化】属性参数设为"0"，如图11-85所示。

将光标移动到最后一帧，改变【偏移（湍流）】属性参数为"-500，540"，改变【演化】属性参数为"3×360°"，从而制作从右向左的位移动画，如图11-86所示。

图11-85

图11-86

After Effects+AIGC 视觉特效与合成
——影视+UI动效+MG动画（全彩微课版）

11.3.3 调整风的形态

步骤09：在【效果和预设】面板中搜索【贝塞尔曲线变形】效果，如图11-87所示。将该效果添加到纯色图层，此时，就可以在【效果控件】面板中看到该效果器，如图11-88所示。

此时，只需要按住鼠标左键去拖动周围的控制点，即可调整【分形杂色】的形态，如图11-89所示。最终形态如图11-90所示。

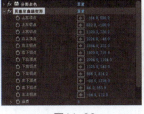

图11-87　　　　　　　图11-88　　　　　　　图11-89　　　　　　　图11-90

11.3.4 调整颜色

步骤10：在【效果和预设】面板中搜索【色调】效果，如图11-91所示。将该效果添加给纯色图层，在【效果控件】面板中设置【将白色映射到】颜色改为"淡蓝色"，如图11-92所示。此时，【合成】面板画面如图11-93所示。

图11-91　　　　　　　图11-92　　　　　　　　　图11-93

步骤11：在【效果和预设】面板中搜索【发光】效果，如图11-94所示。将【风格化】下面的发光效果添加给纯色图层，在【效果控件】面板中设置【发光阈值】属性参数为"70%"，【发光半径】属性参数为"80"，【发光强度】属性参数为"0.8"，如图11-95所示。此时，【合成】面板画面如图11-96所示。

图11-94　　　　　　　图11-95　　　　　　　　图11-96

步骤12：将【吹风效果组】图层的混合模式改为【屏幕】，如图11-97所示。此时，【合成】面板画面如图11-98所示。

图11-97　　　　　　　　　　　　　　　　　　图11-98

步骤13： 通过绘制蒙版来限定吹风效果的显示范围，让它只在空调的吹风口位置出现，以避免其他位置穿帮，如图11-99所示。回到【图层】面板展开蒙版属性，勾选【反转】，如图11-100所示。此时，【合成】面板画面如图11-101所示。

图11-99　　　　　　　图11-100　　　　　　　图11-101

步骤14： 单击【新建合成】按钮 ，在【合成设置】面板中将【合成名称】改为 "树叶组"，【预设】选择 "HDTV 1080 25"，【宽度】和【高度】分别为 "1920px" 和 "1080px"，【像素长宽比】为 "方形像素"，【帧速率】为 "25帧/秒"，【持续时间】为 "10秒"，如图11-102所示。

步骤15： 在【项目】面板中将 "树叶" 素材拖曳至【图层】面板，如图11-103所示。此时，【合成】面板画面如图11-104所示。

图11-102　　　　　　　图11-103　　　　　　　图11-104

步骤16： 在【图层】面板中展开 "树叶" 的【变换】属性，调整【缩放】属性为 "28.5"，在第1帧为【位置】添加一个关键帧，如图11-105所示。

在第1帧中将 "树叶" 素材移至画面最右侧，光标移动到最后一帧，将 "树叶" 素材移动到画面最左侧，移动过程如图11-106所示。

图11-105　　　　　　　　　　　　图11-106

步骤17：在【图层】面板中单击【3D图层】按钮 ⊙ ，开启该图层的三维开关，并分别为【X轴旋转】【Y轴旋转】【Z轴旋转】属性输入抖动表达式"wiggle（0.3，180）"，如图11-107所示。

然后，在【图层】面板中按组合键Ctrl+D将"树叶"素材多复制几份，如图11-108所示。

图11-107　　　　　　　　　　　　　　　　图11-108

步骤18：在【时间轴】面板中调整"树叶"素材出现的位置，让各个图层错开出现，如图11-109所示。此时，"树叶组"【合成】面板画面如图11-110所示，"总合成"画面如图11-111所示。

图11-109　　　　　　　　图11-110　　　　　　　　图11-111

11.3.6　制作气泡动画

步骤19：在【图层】面板中按组合键Ctrl+Y新建一个纯色，在【纯色设置】面板中将名称改为"气泡组"，如图11-112所示。

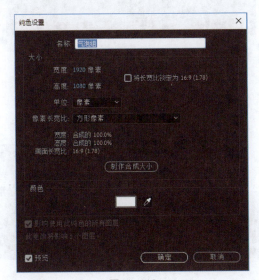

图11-112

步骤20：在【效果和预设】面板中搜索【CC Bubbles】效果，如图11-113所示。将该效果添加到纯色图层，在【效果控件】面板中将【Wobble Frequency】（摆动频率）属性参数设置为"0.1"，将【Bubble Size】（气泡大小）属性参数设置为"1.6"，如图11-114所示。此时，【合成】面板画面如图11-115所示。

图11-113　　　　　　　　　图11-114　　　　　　　　　图11-115

步骤21：单击【新建合成】按钮，在【合成设置】面板中将【合成名称】改为"文字组"，【预设】选择"HDTV 1080 25"，【宽度】和【高度】分别为"1920px"和"1080px"，【像素长宽比】为"方形像素"，【帧速率】为"25帧/秒"，【持续时间】为"10秒"，如图11-116所示。

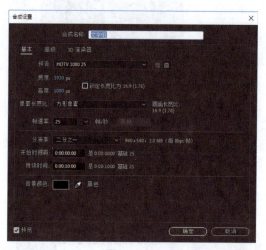

图11-116

步骤22：在【工具栏】使用【矩形工具】 矩形工具 ，在【合成】面板中绘制一个矩形，将【填充】颜色设为"蓝色"，将其重新命名为"蓝色矩形"，如图11-117所示。此时，【合成】面板画面如图11-118所示。

图11-117　　　　　　　　　　　　　图11-118

步骤23：按组合键Ctrl+D将该图层复制一份，重新命名为"白色矩形"，如图11-119所示。修改【填充】颜色为"白色"，【合成】面板画面如图11-120所示。

After Effects+AIGC 视觉特效与合成
——影视+UI动效+MG动画（全彩微课版）

图11-119

图11-120

步骤24：在【工具栏】中使用【文字工具】 $\boxed{T}$ ，在【合成】面板中输入主标题文字，并调整字体、位置、大小，如图11-121所示。此时，【图层】面板画面如图11-122所示，"总合成"面板画面如图11-123所示。

图11-121

图11-122

图11-123

步骤25：至此，本案例的最终效果就制作完成了，如图11-124所示。

图11-124

11.4 【课后习题】城市商业规划区包装

微课视频

观察案例的最终效果可以看到，画面中有很多交织的公路线，以及重点地标的定位动画，如图11-125所示。让它们动起来是本案例的重点。

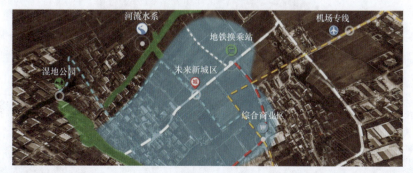
图11-125

🖱 **关键步骤提示**

① 分析画面。根据素材分析规划区位置，并绘制形状图层覆盖该区域。

② 制作公路。使用【钢笔工具】 绘制公路，并添加虚线制作线路动画。

③ 制作地标。使用【无线电波】效果制作定位点，并添加地标图片和文字注释。

第12章 | AIGC在影视后期中的应用

12.1 视频内容生成与编辑

微课视频

12.1.1 场景生成与扩展

场景生成：AIGC可以根据影片的主题和风格，生成高质量的场景。例如在科幻电影中，当需要展现一个未来城市的远景时，AIGC可以通过对现有城市景观素材的学习，结合科幻元素（如飞行汽车、全息投影建筑等）生成宏大的未来都市场景。像 Midjourney 等图像生成工具可以根据特定的提示词生成符合要求的图像，例如，根据"未来城市，有飞行汽车和巨大的发光建筑，赛博朋克风格"得到自动生成的图像，然后将这些图像通过抠图、合成等后期技术融入视频场景中，如图12-1所示。

图 12-1

场景补全和扩展：对于一些拍摄受限的场景，AIGC可以帮助设计者补全和扩展场景。例如拍摄一个古代战争场景，由于场地限制，只能拍摄部分军队的画面，AIGC可以生成相似风格的军队方阵，将其无缝添加到画面边缘，扩展场景规模，使观众感觉像是有成千上万的士兵在战场上，如图12-2所示。

图12-2

12.1.2　视频片段生成

剧情片段创作：AIGC 可以根据剧本的情节大纲生成一些简单的剧情片段。例如，对于一个奇幻故事，当需要一个魔法生物在森林中穿梭的片段时，AIGC 可以生成具有一定情节的短视频。视频生成软件可以利用预先训练的模型，根据用户输入的关键词生成相应内容，例如"魔法生物、森林、奔跑"，如图12-3所示。

图12-3

过渡片段生成：在影视剪辑中，过渡片段的质量会影响影片的流畅性。AIGC 能够生成创意十足的过渡片段，如梦幻般的光影过渡、抽象的形状变换等，如图12-4所示。这些过渡片段可以增强影片的视觉吸引力，使场景之间的切换更加自然。

图12-4

12.2　音频处理与生成

12.2.1　音效生成

环境音效生成：AIGC 可以根据视频场景生成对应的环境音效。例如，当视频场景是一个暴风雨中的海边，AIGC能够生成海浪声、风声、雨声以及雷电声等多种音效，并根据画面中的元素动态调整音效的强度和频率。音频生成软件可以根据用户输入的场景描述，生成相应的音频文件，例如"暴风雨中的海边，海浪汹涌，狂风呼啸"。

特殊音效生成：对于科幻、奇幻等类型的影视作品，需要大量的特殊音效，如激光发射声、魔法咒语声等。AIGC 可以通过对现有音效的学习和创新，生成这些独特的音效。例如，学习现有激光武器发射的音效样本，然后生成具有不同频率和强度的激光发射音效，以匹配影片中不同威力的激光武器。

风格化配乐生成：根据影片的风格和氛围，AIGC 可以自动生成配乐。例如，对于一部浪漫的爱情电影，AIGC 可以生成旋律舒缓、优美的音乐；对于一部紧张刺激的悬疑电影，它可以生成节奏紧凑、充满张力的音乐。通过输入影片的风格（如浪漫、悬疑、喜剧等）、氛围（如紧张、轻松、悲伤等）和时长等，AIGC 可以生成适配影片的音乐。

主题音乐进化：在影视系列作品中，AIGC 可以根据已有的主题音乐进行进化和拓展。以一部有多个季的电视剧为例，AIGC 可以在保持主题音乐核心旋律的基础上，根据每一季的情节发展和风格变化，对主题音乐进行变奏、添加新的乐器音色或变化节奏，使配乐能够更好地配合剧情的推进。

12.3 视觉特效生成

12.3.1 光效生成与增强

AIGC 可以生成各种光效，如阳光透过树叶的光斑、魔法光芒等。在一个奇幻电影的后期制作中，当主角施展魔法时，AIGC 可以生成围绕主角手部的绚丽魔法光芒，增强视觉效果。这些光效可以根据影片的场景和动作动态变化，使视觉效果更加逼真，如图12-5所示。

图12-5

12.3.2 烟雾粒子效果生成

对于一些需要营造氛围的场景，如火灾现场、爆炸场景等，AIGC 可以根据场景的规模和强度要求，生成逼真的烟雾流动和粒子扩散效果，并且可以通过后期软件与视频中的场景进行合成，提升场景的真实感和视觉冲击力，如图12-6所示。

After Effects+AIGC 视觉特效与合成
——影视+UI动效+MG动画（全彩微课版）

图12-6

 国产AIGC软件

微课视频

 文本生成类（剧本、分镜头脚本创作）

　　火山写作：由字节跳动旗下火山引擎团队精心研发的 AI 写作工具，如图12-7所示。可以自动分析用户的文本内容，提供专业的模板，支持 AI 长文本写作、选择不同写作模板、一键同步头条号、写作实时联网、多种语言写作、专业优化写作文案等功能。

图12-7

　　讯飞星火：具有文本生成能力，可根据输入的关键词或主题，自动生成符合语境的文本内容，如新闻报道、故事、诗歌等，如图12-8所示。该模型还具备语言理解、知识问答、逻辑推理、数学能力、代码能力、多模态能力等。

图12-8

　　豆包：可以帮助用户轻松完成各种类型的写作任务，无论是撰写文章、润色文案、编写程序代码等，都能为你提供高效的支持，如图12-9所示。

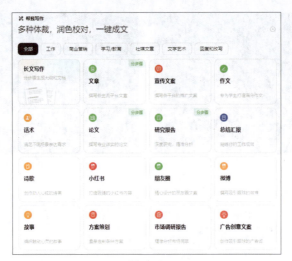

图12-9

12.4.2 案例实操

步骤01：以"豆包"软件为例，介绍如何使用AIGC工具生成剧本和分镜头脚本。首先进入豆包官网首页，单击【帮我写作】按钮，如图12-10所示。

图12-10

步骤02：在输入框内输入你要撰写的主题，例如，输入"写一个3分钟的励志故事。要求：主人公只有3个人，分别为2女1男，以小县城为故事背景进行创作。"，再单击【发送】按钮↑，如图12-11所示。

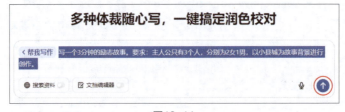

图12-11

步骤03：此时，豆包会按要求自动生成文本，如果你有特定的情节或细节想添加，例如他们遇到的具体困难、人物性格等，都可以进行自定义修改完善，在对文本满意后即可单击【下载】按钮↓，如图12-12所示。在保存文档的时候，可以选择【Word】【PDF】【Markdown】3种格式，如图12-13所示。

图12-12

图12-13

步骤04：另外，还可以让豆包将刚才生成的故事，以分镜头脚本的方式呈现出来。输入"将上述故事，转换成分镜头脚本格式。"，再单击【发送】按钮⬆️，如图12-14所示。

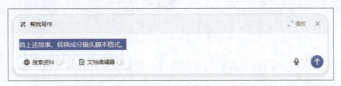

图12-14

步骤05：此时，豆包会将故事中的情节按照镜头顺序、景别、画面内容、台词等元素，转换为分镜头脚本格式，如图12-15和图12-16所示。如果你希望在脚本中加入更多细节，例如，特定的转场效果、光影变化等，也可以继续在输入框内告诉豆包，进行再次修改完善直到满意为止。

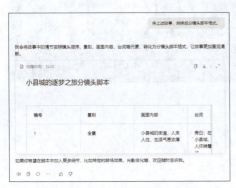

图12-15

图12-16

通义万相：阿里云推出的 AI 绘画大模型，不仅支持中文生成图片，还能支持照片生成 AI 照片，如图12-17所示。

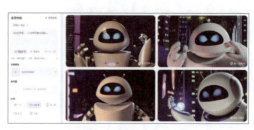

图12-17

WHEE：美图公司旗下的 AI 绘画软件，如图12-18所示。WHEE除了拥有 AI 绘画功能以外，还有一个非常便捷的 AI 功能——AI 提示词库，无需费脑筋自己写 AI 提示词，用它的提示词库，就能中英对照自动生成对应英文提示词。

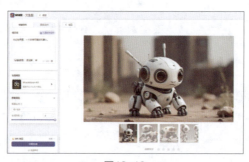

图12-18

无界 AI：专注于 AIGC 绘画大模型的网站，如图12-19所示。拥有二次元、手绘、古风山水等 100 多种绘画模型，适合想体验一下 AI 绘画的新手。

万兴爱画：依托万兴科技的技术基础，能够生成高品质艺术画作，适合设计师获取创意画作，也适合普通用户创作个性化的壁纸、头像等，如图12-20所示。

图12-19   图12-20

12.4.4 案例实操

步骤01：以"万兴爱画"软件为例，介绍如何使用其文生图功能。首先进入官网首页，在提示框内输入你要生成的内容，例如，"草地上几只可爱的小猫，和空中飞舞的蝴蝶在开心地玩耍。"，再单击【一键生成】按钮，如图12-21所示。此时，软件就会自动生成刚才的画面，如图12-22所示。

图12-21

图12-22

步骤02：观察图片，如果对画面比例、色彩风格等不太满意，可以打开侧边栏进行调整，如图12-23所示。

步骤03：确定需要修改的参数后，再次单击【一键生成】按钮，此时软件会根据参数再次生成新风格的图片，如图12-24所示。

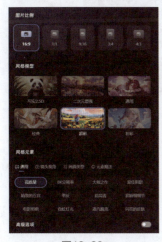

图12-23

图12-24

12.4.5 视频生成类

腾讯智影：腾讯推出的视频生成工具，如图12-25所示。使用腾讯智影创作的 AI 数字人可用于制作年度述职报告、早教视频等，效果逼真。

微课视频

图12-25

讯飞智作：科大讯飞推出的视频生成工具。讯飞智作有 10 余种数字人供选择，数字人的动作自然，表情真实，可用于短视频口播、播报简短信息等，如图12-26所示。

图12-26

即梦AI：剪映旗下的 AI 创作平台。即梦AI支持文生图、智能画布和视频生成功能，新推出的"故事创作"功能将进一步拓展其创作能力，为视频内容创作提供更多可能，如图12-27所示。

图12-27

12.4.6 案例实操

步骤01：我们以"即梦AI"为例，介绍即梦AI的视频生成功能。首先进入官网首页，单击【视频生成】按钮，如图12-28所示。

图12-28

步骤02：视频生成一共有3种方式，分别是【图片生视频】【文本生视频】【对口型】。选择最常用的【文本生视频】，在提示框内输入"一只小猫，穿着可爱的裙子，在公园滑滑板。"，再单击【生成视频】按钮，如图12-29所示。

图12-29

步骤03：此时，只需要等待一会儿，如图12-30所示，即梦AI就会根据文本内容生成视频了，如图12-31所示。

图12-30

图12-31

12.4.7　音频生成类

TME Studio：腾讯音乐旗下的智能化辅助创作工具，具有音乐分离、MIR计算、辅助写词、智能曲谱四大功能，可助力音乐创作者更加高效地创作，如

微课视频

219

图12-32所示。

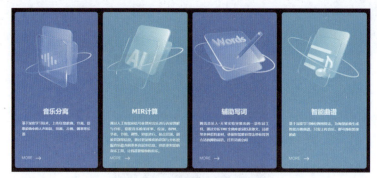

图12-32

网易天音：一站式 AI 音乐创作工具，集成了 AI 智能快速编曲、作词与创作、一键 DEMO 和虚拟歌姬歌声合成等功能，即使是没有深厚乐理知识的用户也能快速上手进行音乐创作，如图12-33所示。

图12-33

12.4.8　案例实操

步骤01：我们以"网易天音"为例，介绍原创歌曲的创作。首先进入官网首页，单击【立即开始】按钮，如图12-34所示。

图12-34

步骤02：在【新建歌曲】面板，共有两种模式。在【关键词灵感】模式下，可以通过输入2~4个关键词来让软件参考，如图12-35所示。在【写随笔灵感】模式下，可以录入随笔灵感，软件会基于随笔创作歌词。例如，输入："夏天的傍晚，走在小河边，吹着晚风四周静悄悄的，心里想着最开心的事情。"，如图12-36所示。

图12-35   图12-36

步骤03：单击【开始AI写歌】按钮，等待AI制作完成，如图12-37所示。软件根据我们的要求渲染完成后，就可以单击【试听】按钮听到AI生成的歌曲了，如图12-38所示。

图12-37   图12-38

步骤04：单击左上角的【切换歌手】按钮，在弹出的面板中可以切换不同歌手的音色，让音色更符合歌曲的旋律和内容，如图12-39所示。

图12-39

步骤05：在右边的【歌词】面板中，可以看到软件根据刚才的提示词生成的歌词，如图12-40所示。当然，歌曲也支持【自定义修改】和【AI重写歌词】。

图12-40

步骤06：调整好歌手音色、歌词之后，就可以单击右上角的【导出】按钮，在【导出歌曲】面板中，可以调整歌曲的名称，例如《晚风》，确定导出文件类型，如图12-41所示，单击"导出"按钮后，页面显示文件导出进度，如图12-42所示。

图12-41

图12-42

步骤07：导出完成后，就可以看到【伴奏】【歌词】【歌声】等文件，如图12-43所示。

图12-43

12.4.9　设计类

创客贴 AI工具箱：创客贴的 AI工具箱具备功能强大的智能修图功能，新增智能改图、智能外拓、AI绘画等修图功能，如图12-44所示。

AI工具箱 ∧	定制设计 ∨	印刷制作	下载APP	···
AI修图	**智能设计**	**AI绘画**	**热门推荐**	
批量抠图	一句话做设计	文生图	AI商品图	
智能消除	人物海报	文生素材	AILOGO	
图片变清晰	每日一签	图生图	AI拼图	
智能改图	商品主图	照片改漫画	图片翻译	
AI去水印	大字封面	文生绘本	批量设计	
无损改尺寸	小红书配图	文生人物		
智能外拓	小红书人物封面	线稿上色		
AI文案	四宫格拼图	人物姿势识别		

图12-44

稿定 AI：由稿定设计出品，提供 AI 文案、AI 绘图、AI 素材、AI 设计等多种 AI 功能。AI 绘图可根据输入的文案或参考图生成画面，AI 设计覆盖新媒体、私域、电商等多种场景，如图12-45所示。

AI 工具

✳ AI 设计	☰ AI 文案	🖼 AI 绘图	▨ AI 商品图

设计工具

🗋 新建画布	✂ 图片编辑	▦ 拼图	▯ 批量套版
Ps 在线 PS	◈ 创意画布	⊳ 视频剪辑	🗋 PSD 转模板

图片处理

🗋 AI 抠图	▨ AI 人像背景	✦ AI 消除	≋ AI 变清晰
✓ 批量抠人像	◉ 证件照	✎ 切图 ●	⊞ 调色

图12-45

秒画：免费 AI 作画和图片生成平台，可以通过输入文字或者草图等方式生成绘画作品，在色彩、构图等方面都较为出色，且支持多种分辨率的输出，如图12-46所示。

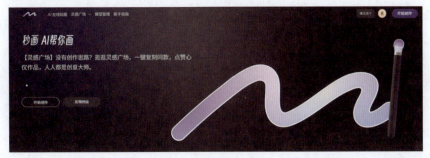

图12-46

步骤01：我们以"搞定AI"为例，来体验一下它的设计功能。首先进入官网首页，可以看到有特别多的【AI工具】，单击【AI设计】，如图12-47所示。

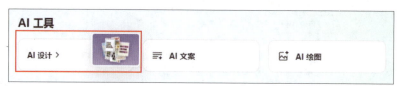

图12-47

步骤02：以"设计LOGO"为例，在左侧提示栏输入【品牌名称】和【品牌口号】，如图12-48所示。单击【开始生成】即可设计出多款不同风格的LOGO，如图12-49所示。

图12-48

图12-49

附录　After Effects常用表达式合集

　　表达式是由数字、算符、数字分组符号（括号）、自由变量和约束变量等以能求得数值的有意义方法排列所得的组合。

　　After Effects中的表达式能够通过简洁的代码代替复杂的关键帧，对动画属性进行控制，从而提高工作效率，实现更加流畅、真实的效果。比如，循环表达式、时间表达式、弹性表达式、随机表达式等。

　　按住Alt键单击属性前方的【时间变化秒表】图标，如附图1所示。此时，就会在【时间轴】面板中弹出表达式编辑面板，在该面板中输入要添加的表达式代码即可，如附图2所示。

附图1

附图2

1. wiggle表达式语句

　　【wiggle表达式】：可以在动画中添加随机抖动的效果。

　　写法：wiggle（频率，振幅）。

　　解释：频率指的是每秒抖动的次数；振幅指的是每次抖动的幅度。

　　例如：wiggle（5，100）表示物体每秒抖动5次，每次随机抖动100个像素单位。

　　实例：如附图3所示。

附图3

2. time表达式语句

　　【time表达式】：用于指定动画或效果中属性参数随时间变化的速度和方向。

　　写法：time*n。

　　解释："n"指的是time的倍数。

　　例如：time*200表示当前时间的200倍。

　　实例：如附图4所示。

附图4

3. loopOut表达式语句

【loopOut表达式】：用于控制动画的重复播放模式。如果需要某个效果就一直重复，不需要重复多次制作关键帧，只需要做好一个单次循环的关键帧，再添加循环表达式即可。

写法：loopOut（type=""）。

解释：type指的是循环类型。""用于写入循环类似，主要包括四种类型。

类型1："pingpong"指的是像乒乓球一样来回往复循环。

类型2："cycle"指从头开始一直循环范围内的动画，对一组动作进行循环。

类型3："offset"以上一次循环结束的状态开始下一个循环。

类型4："continue"一直持续循环结束时的状态。

例如：loopOut（type= "pingpong"）表示自动补充一个反向关键帧动画，像打乒乓球一样来回循环。

实例：如附图5所示。

附图5

4. 随机数表达式语句

【随机数表达式】：能够实现随机变化的效果。

写法：random（min,max）

解释："min"指的是随机数的最小值；"max"指的是随机数的最大值。

例如：random（50,200）可以生成50~200的随机数。

实例：如附图6所示。

附图6

5. 取整表达式语句

【取整表达式】：在生成随机数时，为了在实际工作中更加实用，就需要得到随机生成的整数数字，此时，使用取整表达式即可。

写法：Math.round（random（min,max））。

解释："min"指的是随机数的最小值；"max"指的是随机数的最大值。

例如：Math.round（random（10,80））可以生成10～80的随机整数数值。

实例：如附图7所示。

附图7

6. 数字递增表达式语句

【数字递增表达式】：用于制作指定时间内的数字增长或递减动画，如倒计时等效果。

写法：

n = linear（time, X, Y, Z, W）；

Math.floor（n）

解释：首先定义一个n。"X"代表开始的秒数；"Y"代表结束的秒数；"Z"代表起始数值；"W"代表结束数值。Math.floor（n）指的是对n的数值取整数。

例如：linear（time, 0, 2, 1, 10）的意思是，随着时间0秒到2秒，做1~10的变化。

实例：如附图8所示。

附图8

7. 弹性表达式语句

【弹性表达式】：用于模拟物体受到重力、惯性等因素产生反弹和振荡的效果。

写法：

amp = .1；

freq = 2.0；

decay = 2.0；

n = 0；

if（numKeys > 0）{

n = nearestKey（time）.index；

if（key（n）.time > time）{n--；}

}

if（n == 0）{ t = 0；}

else{t = time - key（n）.time；}

if（n > 0）{

v = velocityAtTime（key（n）.time - thisComp.frameDuration/10）；

value + v*amp*Math.sin（freq*t*2*Math.PI）/Math.exp（decay*t）；

```
}
else{value}
```

解释：amp表示振幅，freq表示频率，decay表示衰减。

【实例】如附图9所示。

附图9

8. 计时器表达式语句

【计时器表达式】：用于制作真实的计时器效果。

写法：

```
//Define time values
var hour = Math.floor ( ( time/60 ) /60 ) ;
var min = Math.floor ( time/60 ) ;
var sec = Math.floor ( time ) ;
var mili = Math.floor ( time*60 ) ;
// Cleaning up the values
if ( mili > 59 ) { mili = mili − sec*60; }
if ( mili < 10 ) { mili = ' 0 ' + mili; } if ( sec > 59 ) { sec = sec − min*60; } if ( sec < 10 )
{ sec = ' 0 ' + sec; } if ( min >= 59 ) { min = min − hour*60; } if ( min < 10 ) { min = ' 0 ' +
min; }
// no hour cleanup
if ( hour < 10 ) { hour = ' 0 ' + hour; }
//Output
hour + ' : ' + min + ' : ' + sec + ' : ' + mili;
```

解释："hour"表示小时，"min"表示分钟，"sec"表示秒钟，"mili"表示帧。

实例：如附图10所示。

附图10

After Effects+AIGC 视觉特效与合成
——影视+UI动效+MG动画（全彩微课版）